今泉先生教えて！

一度は猫に聞いてみたい100のこと

【誰もが知りたかった猫の行動図鑑】

今泉忠明

宝島社

はじめに

猫好きのための、もっと猫を知るための一冊です。いつも一緒にいる猫なのに、その行動は何って、思うこと多いですよね。

さっきまではあんなにゴロゴロ言っていたのに、突然、なでていた手にかみついて、どっかに行ってしまう。

お腹や急所に触ったわけでもないのに。なぜ？？？

夜中に、部屋の中でゴソゴソやっているけど、何やっているの？　起こしに来るわけじゃないから、ご飯がないわけじゃないようだし、こっちも眠いし、ほっといて寝よ。

でも、気になる。

いつもベッドに入ってきて、顔の横で寝てくれるけど、いつも、そっぽを向いている。飼い主のこと、どう思っているんだろう？？？

どれも、これも、言葉が通じるのだったら、聞いてみたい。けど、人間には猫語がわからない！

そこで、編集部が代わって、日頃、気になっている猫のこと、今泉忠明先生に聞きました。今泉先生は、伊豆の「ねこの博物館」館長であり、1973年〜77年にかけては日本野生生物基金による「イリオモテヤマネコの保護のための生態調査」にも参加した生粋の猫博士。

そして、質問するのは、猫飼い暦40年で、現在も三匹の猫と暮らす女性、編集部代表・宙照《そらてらす》しい。

ちなみに、今泉先生曰く、「私は猫ではないですから、あくまでも推測です。しかし、猫に代わって、真摯に猫の気持ちを伝えます」とのこと。

どんな猫の真実が待っていることか。気になる！

編集部代表　宙照しい

※本文の表記「」はすべて今泉先生の言葉です。編集部代表は編集部としています。

目次

今泉先生教えて！一度は猫に聞いてみたい100のこと

第1章

今泉先生が教えます！ あなたの知らない猫の世界……011

第2章

あなたの猫は、あなたのことをどう思っているの？

先生に聞きました！

第3章 人気の猫、集めました！

第1章

今泉先生が教えます！

あなたの知らない猫の世界

猫の記憶力っていいの？　悪いの？　名前を読んだら、わかるの？
なぜビニールをクチャクチャなめるの？
知っているようで知らない猫の世界を教えます！

Question 01

特に若い猫ですが、なぜか突然走り出します。なぜですか？

若い頃は、想像で遊びますね。突然、獲物を想像して追いかけるのではないでしょうか。

「トイレの後に走り出す猫が多いですね。それから、夜中の運動会といって、急に走り出しますね。昼でもする場合があります。

トイレは、狭いところで緊張していますから、解放された勢いでしょう。野生の猫は、トイレタイムが一番無防備で危険な時間です。

しかし、これは全部、猫に聞いてみないとわからないことが多いので、想像です。

夜中の運動会は、猫はもともと夜行性で、夜に活動的になるからです。普段は、人間の生活パターンに合わせて、寝ているように見えますが、実際は寝ていません。

夜中になって、人間が寝静まると、急に何かを想像して遊びます。猫は想像しますからね。

そして、ダーッと走ってみたり、何かに飛びついたり、突然うなってみたり、なんか取ろうとしたり、ゴロゴロしたりして、空想して遊んでいますよ。

ひとり遊びです。猫にはそういうところがあります」

Question 02

猫のひとり遊びは、大人の猫になっても続くのでしょうか？

Answer

知能の発達と遊びは反比例し、知能が発達すると、だんだん少なくなっていきます。

「子猫のときは、落ち葉でも遊びますよ。風で落ち葉が動いていると、動いているものに反応します。

母猫の尻尾でも遊びますし、自分の尻尾でも遊びます。自分の尻尾は追いかけると逃げていきますから面白いです。しかし、くるくる回って、自分の尻尾と気づくと、そんな無駄なことはしなくなります。

落ち葉も落ち葉とわかってくると、たいして面白くないと、わかってきます。

だから、知能の発達と遊びは反比例して、大人になると、だんだん少なくなっていきます。ひとり遊びも少なくなっていきます。

ただし、自分の尻尾を追い回すのは、大人になっても退屈しのぎにすることが、まれにあります」

Question
03

夜中の運動会の音が聞こえて、電気をつけると、静まり返ります。なぜですか？

Answer

明るくなると、見られた！　ヤベーって思っているからです。

「猫は、明るくなると人間が見えるということをわかっているのです。だから、飼い主に見られた！　あっヤベーって、なるのです」

編集部　夜中にゴソゴソ音がして、また何かやっていると思って、電気をつけると。

「固まるでしょ」

編集部　固まっていますよね。

「だから、夜中にいたずらしていたのが、電気をつけられると、ヤバッとなって、すうーと行っちゃったりしますよね。

で、隅で身体をなめていたりしますよ。転位行動（※）のひとつです」

編集部　でも、隠しても、ゴミ箱がひっくり返っていたり、椅子の座布団がどこかへ飛んでいたり、バレバレなんですけどね。

（※）転位行動については22、23頁を参照。

Question 04

新しいフードを買ってあげたのに、砂をかけるしぐさをします。嫌いなのでしょうか？

Answer

逆です。それは、取っておこうと思っているのです。保存しようとしているのですよ。

「野生のネコ科はすべて、獲物を一回で食べきらないことが多いのです。その場合、後で食べようとして、獲物を隠します。実際にかけるのは砂ではなくて、枯れ葉と泥です。しかし、しぐさは同じです。

そして、その日、必ず食べ残しを隠した場所に戻ってきます。どれだけ食べ残したのか、ちゃんとわかっていますよ。3キロくらいのニワトリだと3回にわけて食べます。

落ち葉と泥をかける理由は、獲物が腐るのが遅くなるからだそうです。それはバクテリアがいるからです。空気にさらしておくと、あっという間に腐ってしまうそうです。本能が枯れ葉と泥をかけさせるのですが、理にかなっていますね。

それから、カラス対策ですね。必ずカラスが獲物を横取りに来ます。カラスを双眼鏡で見ていると面白いですよ。下を見ながら飛んでいます。飛びながらキョロキョロしていますよ。空から、常に獲物がいないか探しているのです。そのカラスから隠すのです」

Question 05

よく、一匹の猫がほかの猫のお尻を嗅ぎます。なぜですか？

Answer

個体識別ですね。知っている猫か知らない猫か、匂いで判断しています。

編集部　鼻同士を近づけるのとは、違うんですか？

「お尻は、初対面というか、久しぶりというか、少し距離感のある猫に対して行います。

一方、鼻同士は、ちょっと前に会ったよねとか、距離感が近い同士がします。

　そういう猫同士は、それほど慎重に深くは匂いを嗅ぎません。

　犬同士も同じですね。必ず、お尻

を嗅ぎますから。お尻には、肛門腺《こうもんせん》という臭腺（匂いを出す線）があります。口の周りにも臭腺があって、鼻を近づけるのは、そのためです。

ただし、仲がいい同士でも、お尻の匂いを嗅ぐこともあります。確認です。違うやつと仲良くしていたら、困りますからね。

特に動物病院などから帰ってくると、別の匂いがついていたりしますから、お尻の匂いで、仲間の猫か確認しています」

編集部　お尻にうんちが付いていていて、臭いとか、ではないんですね。

「そうです」

Question 06

朝、起きたときに、「ニャー!!」と大声で鳴く子がいます。何か要求しているのでしょうか？

Answer

雄たけびですね。自分の存在を周囲に示すための行動です。猫の雄たけびは珍しいですよ。

編集部　雄たけびを上げているときって、すごく機嫌がいいんですよ。ゴロゴロ言って。

「快調なんだね。雄たけびの根源は、自分の存在を周囲に示す。なわばりの宣言ですよ。俺はここにいるぞ、今日は気分いいぜって、意味ですね。

狼《おおかみ》とか、イヌ科はしますが、ネコ科は、

ほとんどしません。ネコ科でも大形ネコ類以外は、普通、ひっそりしていますから。
猫は自分の存在を隠すのです。
単独生活だから、いるぞって言って、ほかの動物たちが来たら困ります」

編集部　そういう子に限って、普段はなついてくれない。

「野性味が強い猫なんですよ」

Question

07

猫は壁にぶつかっても、何もなかったかのように毛づくろいしていますが、痛くないんですか？

Answer

痛いですよ。でも、恥ずかしいから毛づくろいしているのです。人間も同じです。転んでも笑っていますよね。

「猫だって、ぶつかれば痛いです。本当にひどい衝撃は別ですが、そうでない場合は、転位行動で、気をそらしているのです。

人間も、転べば痛いけれど、一生懸命立ち上がるよね。何事もなかったかのように。

大丈夫ですかと聞くと『大丈夫、

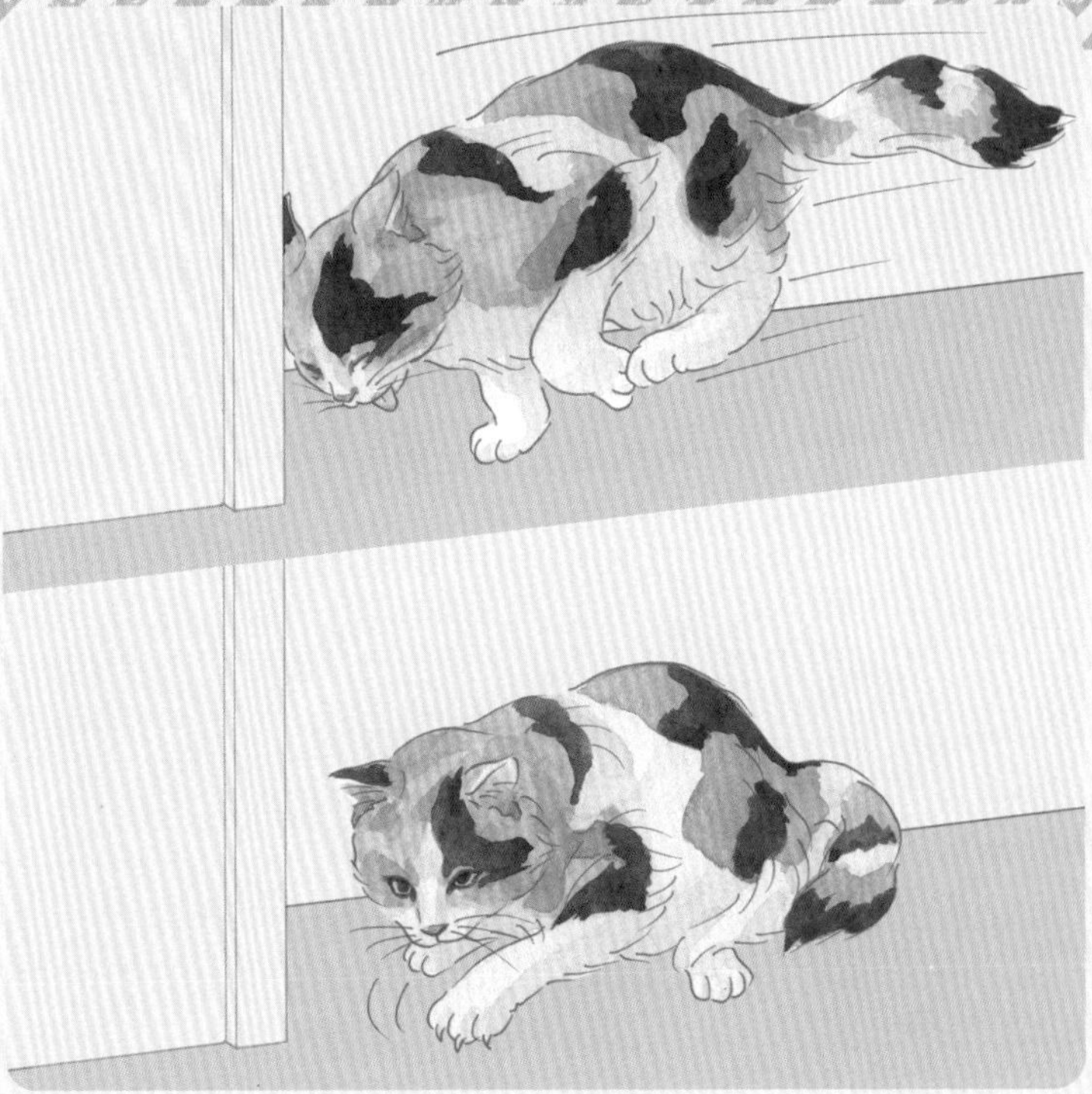

大丈夫』と言いますよね。本当は違います。助けてほしいけど、カッコ悪いから言えない。

猫も同じです。失敗すると、転位行動といって、その場にふさわしくない行動をとるのです。

猫は失敗して、例えばジャンプで机に乗ろうとして落ちると、ツメ研ぎをしたり、あくびをしたり、あるいは毛づくろいをしたり、身体をかいたりします。それは失敗の照れ隠しみたいなもので、気分を立て直しているのです。

そして、失敗を忘れようとしているのです」

Question 08

猫って、結構失敗をするいきものですか?

Answer

猫は一匹だけで暮らしていますから、狩りの失敗が結構あります。狩りの成功率は1割ですから。

編集部　そんなに低いんですか?

「はい。スズメが降りてきて、ちゅんちゅんやっているのを、狙っていくと、9回は逃げられます。

しかし、そのたびに落ち込んでいると、生きていけないから、気を紛らわすのです。

それで、また頑張ると」

編集部　自分を励ますんですね。

「そうです。人間も、例を出せば、講演会で頭をかいたり、貧乏ゆすりしたり、何かいたずら書きしたり、そのような態度を取ります。

これは緊張をほぐしているんです。全然関係ないことをやって、緊張をほぐすのです。

こういうのを転位行動といいます。猫も人間も、失敗を気にしていたら、身が持ちません」

Question 09

猫は、なぜ痛みを隠すのですか？

Answer

単独で生きているからです。ケガや病気をしているとわかると、敵からやられてしまいます。

編集部　獣医さんから聞いたのですが、猫の病変がわかるようになったら、助からないってことが多いと。

「そうですね。単独で生きているから、隠すのです。そうしないと、敵からやられてしまうからです。三匹飼っていれば、一匹は具合が悪くても、頑張るんですよ」

編集部　それは嫌です。すぐに病気を見つけて、獣医に見せたいです。

「その頑張りがいい方に働くこともあるの。猫自身が、俺はダメだってなったら、ダメなんですよ」

編集部　それじゃ、一生懸命励まします。

「注意深く観察することが大切ですね。食事の量や遊んでいるときの状況、寝ている場所など、普段と違いはないか、よく見ることです」

Question 10

猫にとって、一番よくないものって何ですか？

Answer

ストレスです。いのちを縮めるのはストレス。猫も人間も。ストレスが一番よくないみたいですね。

編集部　猫にとってのストレスは、どのようなものがあるのですか？

「まず、外の世界を教えてくれたのに、出してくれない。一生、外に出ない猫の室内飼いはいいのです、知らないから。一回でも外に出たら、出たいんです。そうすると」

編集部　開けろーと自分で開ける。

「よくわかっている。やはり出たい、一回知ればね。だから、閉じ込められるのは、すごいストレスです。

あとは、過干渉だよね。嫌だって言っているのに、無理やりやるとか。

それから、なわばりが安定していない状態。それも嫌ですよ」

編集部　なわばりが安定していない状態というのは、ほかの猫が入ってくるということですか？

「それもあります。相性の悪い猫が来たらダメだね。相性というのは、多分、匂いです。親、兄弟と、まったく異質の匂いがする。そうすると、嫌でしょうね。

それから、トイレと寝床と食事がしっかり確保されていないのも、なわばりが安定していない状態です」

Question 11

飼っている三匹のうち、二匹はビニール袋をよくなめています。させない方がいいですか？

Answer

あまりいい癖ではないですね。ビニールは消化できませんから、食べてしまうと、腸に詰まることがあります。

「猫がビニールをなめたり、かじる理由は感触です。クシャクシャという感触が気持ちいいのでしょう。でも、させない方がいいです。悪い癖といえますね。食べてしまうと、ビニールは消化できないので、腸に詰まることがあります。

吐き出したり、うんちと一緒に出ればいいですが、そうならずに腸にたまって腸閉塞になると、手術してお腹から取り出さないといけません。

ただ、一度感触を覚えると、なかなか止めさせるのは、難しいです。猫にとってストレス解消だからです。

野生の猫だと、様々なものを食べています。小動物の肉だけでなく、イネ科の草なども食べます。これは、消化できないので毛玉と一緒に吐きます。いわゆる猫草です。だから、家猫であってもキャットフードだけだと飽きるのでしょう。猫草はあげた方がいいかもしれません。野生の猫は食べますから。

ビニールはなるべく隠し、どうしても隠せない場合は、かんでも破れないものに変えた方がいいですね」

Question 12

二匹のオス猫は、蛇口から、よく水を飲んでいます。なぜですか?

Answer

不思議なんですね。ああいうところから水が出るということが。

「猫にとって、水は得体のしれないものなのです。光るし、動くし、つかめない。だから、蛇口から出るのを不思議がってなめているのです」

編集部 その二匹のうち、若いオス猫が、水を出していると手を突っ込んで、濡れても平気で、そのまま飛び降りるので、家じゅうが水浸しです。

「好奇心の方が、強いのです。人間も赤ちゃんのとき、水を一生懸命つかもうとしますよ。それに、子どもは水遊び大好きだよね。猫はもっと好奇心が強いですから、パンチしていろいろやってみるのです。自分がずぶ濡れになってもやります」

編集部　でも、そのうちにわかってくるとやらなくなる？

「そう。害も益もないから、無視するようになります」

編集部　どれくらいまでですか？

「2歳ぐらいまではやるでしょう」

編集部　困ったなあ。早くやめてほしいんですが。

Question 13

猫は色がわかるのですか？

猫は実験ができないから、味覚や見え方は、人間が想像することしかできません。

「犬は答えるの。『ワン』と。しつけられるのです。だから実験をすることができます。『この色見える?』とやって、見えたときに『ワン』と吠《ほ》えるようにしつけるのです。訓練します。猫は、フンッてしているから、実験ができないのです。

そうなると、犬は青が見えている

らしいとか、いえるのですが、猫は返事をしないから、全然ダメ。何色が見えているかよくわからない」

編集部　緑色が見えないと聞いたことがあります。

「確かに、見えないのは緑色といいますね。だけど、これも想像です」

編集部　動いていると見えますか？

「動いているのはわかるけど、色が見えているとは限らない。猫は動体視力がいいから、ハエなどが飛んでいるのも、ゆっくりに見えます。運動神経のいい動物は、相手の動きがゆっくりに見えるのです。だから、パッとつかむことができます」

Question 14

猫にも帰巣本能はあるのでしょうか？犬はあるということを聞きますが。

Answer

猫にも帰巣本能はある。自分のテリトリー、なわばりに戻ろうとする力はあります。

編集部　なわばりから出てしまうとどうなりますか？

「旅行などで、どこかに連れていかれると、途中で脱走してしまいます。なわばりに戻りたいのです。だけど、帰れません。だから、ノラになっちゃうね。普通は帰れません。

日本では富山から神奈川の平塚へ帰ったという記録があります。320キロメートルです。富山まで旅行に行って、いなくなって、3年かな。

自分で戻ってきたといいます。
　しかし、マイクロチップが入ってなくて、黒猫だから、実際に迷子になった猫なのか、証拠がありません。
　だけど、自分のなわばりを大事にするっていう気持ちがありますから、戻る可能性はすごくあります。迷子にならなければ、という条件が付きますが。
　しかし、帰巣本能はありますが、今は室内飼いが基本ですから、外に出てしまっただけで、戻れない猫はいます。また、戻れても外の面白さを知ると、外に出たがりますから、外には出さないことですね」

Question 15

猫の察知能力が高いのはなぜですか？

Answer

かなり賢いんだよ。動きを見ているんですね。動きを見て、予測する。

「猫は短時間の未来は予測します。しかし、明日の予測はできません。音が聞こえたら、こっちに来るな、とかの予測です。

こんな逸話があります。ロンドンの野良猫が、12時ちょっと前に集まってくるそうです。そうすると、肉屋さんが来て、肉の切れっ端を集まっていた猫にやります。

猫は、肉屋が来る12時ちょっと前に集

まってくるから、時計が読めると思われていました。しかし、実際はガラガラという音がはるか彼方から聞こえていたのです。耳がいいから肉屋が来る音が、いち早く聞こえた。そして、肉屋が来ると予測した。

人が来るだけで寄ってくる猫もいますが、なにもくれないと来なくなる。予測が間違っていたと学習するわけです」

Question 16

猫って記憶力はいいですか？

いいですよ。特に、嫌だったことはよく覚えています。よかったことも覚えていることはあります。

「1日、2日で普通のことは忘れてしまいますが、よかったことと、特に嫌だったことはよく覚えていますね。三つ子の魂じゃないけれど、ある時は一生覚えています。危険を察知し逃げるには、嫌だったことを覚えておくことが大切です。命にかかわります。経験と学習ですね。

だから、予想外に変なことを覚えていますよ。キャリーバッグを見ると逃げ出すとかね。病院に連れていかれると記憶しているからです。

人間もそうですね。嫌なことは覚えています。しかし、昨日何を食べたかは、覚えていませんよね。

また、長期間ではないですが、それでも、よかったことは、よく覚えていますよ」

編集部　ネコ缶を開けようとすると、猫たちは飛んできます。

「週に2、3回あげるから、余計に覚えますよね。この短期的な記憶力も、犬よりは猫の方があります」

Question

17

猫は寂しいと思うことはあるんですか？

ありません。寂しかったら動物は、野生では生きていけないです。

「家猫も、寂しいとは思っていないでしょう。今ごろ、飼い主がいなくて、ひとりでせいせいしていると思いますよ。飼い主というダメ猫（※）もいないし。

犬には寂しい気持ちがあります。いつも仲間とつるんでいるからです。猫は単独だから、留守番は安心して大丈夫です。猫はむしろ、連れていかれるよりは家にいる方がいい」

編集部　**家に帰ると、家の中が、スッ**

チャカメッチャカになっていることがあります。それは私がいなくて、ストレスでやったのかなって。

「やっと伸び伸びなんですよ。うるさいダメ猫（飼い主）がいないから。普段隠されているもの、みんな調べたい。猫は好奇心が強いのです。普段、しまわれてしまうものを、引っ張り出したいのです」

編集部　留守中に、寝ているだけなのかなって思っていましたが、意外にそうじゃないんだなって、わかりました。

「頻繁に動いています。意外と散策していますよ」

　（※）普段、猫は飼い主のことを大きなダメ猫と思っています。詳しくは82頁に。

Question 18

ドアの上の細いところやカーテンボックスを歩く猫。あれ、落ちそうで怖いんですが。

Answer

あれは好きなんですよ。おそらく気持ちがいいんでしょうね。上から下を見下ろす目線ですし。

「落ちる猫も、たまにいますよ。でも、ドアぐらいの高さなら、落ちても大丈夫でしょうね」

編集部　猫は、ドアの上で、スリルを楽しんでいるんですか?

「楽しんでいるというか。キャットウォークと同じですね。人は来ませんし、上から目線で、下々を見下ろすことができますからね。気持ちいいんじゃないでしょうか。
犬も上ることができませんし」

編集部　我が家にいる一番先輩格のメス猫は、いつもキャットタワーの天辺に上ります。それも同じでしょうか？

「そうでしょうね。目線が高い方が常に有利ですから。上から見下ろして気持ちいいんですよ」

Question 19

飼い猫が、室内でカッカッカッと外の鳥に向かって鳴きますが、意味はあるんですか？

Answer

鳥に飛び掛かれないから、行けないストレスを鳴いて晴らしているのです。ストレス発散です。

「家にいるから鳴くのです。獲物に接近しているときは鳴きません。鳴いたら獲物が逃げます。獲物のところまで行きたいけど、行けねえぜ、っていう葛藤のなせる業です」

編集部　外に行けないのに、カッカッカッって鳴いていると、バッカみたいって思えて、バーンと音を立

てて、鳥を追い払うことがあります。
「よくないなあ。猫の気持ちを読みなさい。カッカッカッカッって、憂さ晴らしにもなるんですよ。だから、やさしく見ててほしいな」
編集部　でも、カラスにずうずうしいのがいて、困っているんです。
「猫とカラス、いい勝負だね。カラスはわざと来るんでしょう。あの家に猫がいても襲われないって。お互いに楽しいの。カラスがベランダの手すりに止まるけど、猫は飛びつけないからクッソーってなるわけです。カラスは、その猫を面白がっていますが、猫にも刺激になります」

Question 20

寝ながら、ときどきピクピク体が動くことがあります。あれって、夢を見ているんですか？

ピクピクするのはレム睡眠のときです。人間はだいたい夢を見ています。そういうことから、猫も夢を見ているだろうといわれています。

「猫にもレム睡眠があります。レム睡眠は、脳は起きているけれど、身体が寝ている状態です。ただし、眼球だけは動いています。このような状態のとき人間は夢をよく見ます。レム睡眠は猫や人間だけでなく鳥類とほかの哺乳類にもあります。キリンはレム睡眠ばかりです。脳

をあまり使わないからいいのでしょう。立ったままボーっとしています。仕事がないからボーっとできます。人間だったら、怒られますね。

牛とか馬も、立ったまま寝ます。そのときも浅い眠りです。下を向いて目を閉じています。足を休ませるために一本だけ足を折り曲げています。そして、代わり番こで4本の足を順番に折り曲げて、全部終わったら、それでだいたい睡眠も終わりです。

猫はぐっすり寝ますね。8時間以上、10時間ぐらいは寝ますよ。人間と同じように、浅くなったり、深くなったりも、繰り返しています」

Question 21

猫が尻尾を振るのはイライラしているときだけですか？

興味がある、注目してほしいときにも振りますが、ほかにもいろいろ尻尾の動きには、意味があります。説明しましょう。

「多くの猫本で尻尾のことは説明していますが、尻尾で猫の気持ちがわかるので、基本だけ説明しましょう。

・激しく左右に揺らす＝イライラ。

・ゆっくり左右に揺らす＝興味があるとき、注目してほしいとき。

・ピンと立てている＝ごきげん！

・真上に立てて少し震わせる＝うれ

しいとき。

・尻尾が膨らむ＝怒っている。
・だらりとしている＝平常心
・身体に巻き付けている＝恐怖
・股の間に隠す＝警戒

ちなみに、尻尾はジャンプしたり、走ったりするときバランスを取る役目もしています。母猫なら、尻尾は子猫の「ねこじゃらし」にもなります。また、母猫は、子猫たちの先頭に立って誘導するとき、ピンと尻尾を立てます。旗印です。

猫にとって、尻尾は感情を表現するだけでなく、様々な役目を持つ大事な身体の一部なのです」

Question 22

【大論争】去勢をすれば、スプレーをしなくなりますか？

Answer

頻度は少なくなりますが、スプレーをしなくなることはありません。メス猫でも、オスよりは少ないですがします。

この質問では三匹の猫を飼う編集部代表と今泉先生が大論争。そのバトルは、後ほど説明するとして、まず、スプレーとは何かを今泉先生に説明いただこう。

「スプレーは、マーキングです。自分のなわばりを示すために、行動圏にマークしていきます。スプレーとおしっことは違います。猫はおしっこを座ってしますが、スプレーは立ったまま真後ろの斜め上に飛ばし

ます。

　そのスプレーには油が少し入っていて、屋外なら、斜め上に飛ばすので葉っぱの裏に付くのです。だから、雨が降っても流されませんし、匂いが長く続きます。

　去勢をしていても、オスはもちろん、メスもします。頻度は去勢していない猫より少ないですが、繁殖期にはします」

　ここで、三匹の猫を飼う編集部代表が思わぬことを言い出した。

編集部　私は、今まで、飼い猫のスプレーを見たことがありません。


（次ページへ）

Question

23

スプレーを見たことがないです。しない猫はいないのですか？

Answer

スプレーをしない猫はいないと思いますよ。飼い主が、気がつかないだけです。

編集部　えー!?　してないと思いますよ。今の三匹の猫を飼う前は、未去勢のオスも飼っていましたけど、一回も見たことがないです。

「しない猫はいませんって」

編集部　**えーそうなんですか。**

「聞いたことないな」

編集部　**匂いだってしません。**

「犬好きは猫が臭いと言いますよ。でも、猫好きは犬が臭いと言います」

編集部　**犬は臭いですよ。**

「猫好きは、猫の匂いがいい香りに感じますよね」

編集部　**うちの子たちはみんないい香りです。**

「ほら、匂いがわからないんだって」

編集部　**ウームム……。**

「それに、慣れると匂いがわからなくなりますよ」

Question
24

新しい猫が来て、先住猫がシンクで粗相をしたことがあります。

それは、おしっこの失敗。新しい猫が嫌だと訴えたんだよ。

「スプレーは霧状に出ます。シンクにたまったりはしないです。先住猫は、おしっこで、『私、嫌』ってことを示したんだよね」

編集部　私は、「大丈夫だよ、大丈夫だよ」って、メスの先住猫をなだめました。

編集部補佐　シンクで、ずっとやっていたわけじゃないんですよね。

編集部　その一回だけです。

「慣れちゃったんだ。仲良しになったんだね」

編集部　いや、新しく来たオス猫をいじめていました。

「ああ」（少しあきれた様子で、ため息交じりの返事）

編集部　私が女王なのよって。

「確かに女王だよね。でも、スプレーしないって不思議だなあ」

Question

25

純血種と比べると、雑種は長生きといいますが、そうなんでしょうか？

Answer

遺伝子の多様性という意味ではいえると思いますが、実際の統計はわかりません。

「雑種の方が遺伝子の多様性には富んでいますから、先天的な疾患は少ないと思いますね。そういう意味では雑種の方が長生きかもしれません。ただし、純血種と雑種の寿命を比べた統計を知りませんから、実際のところはわかりません。

それよりも、食事や生活環境の方が寿命には関係します。猫におしんこをあげている飼い主を見たことがありますが、そんなものばかりあげていたら長生きはしません」

編集部　最近は雑種も簡単に飼えません。

「都会で、雑種を譲り受けるのは、譲渡会が中心らしいですね」

編集部　譲渡会も、いろいろ条件があって飼うことができない人も多いです。

「今は雑種の方が貴重かもしれませんね」

Question 26

長毛種と短毛種で性格の違いはありますか？

Answer

厳密にはいえませんね。猫は個体差が大きいのです。

「猫は個性の方が強いのです。毛の長さや、色や柄、品種による差よりも、個性が大きいので、厳密にはいえません」

編集部　長毛種だと夏に弱いとか、冬に強いとかありませんか？

「そういう傾向はあります。

性格に関しては、長毛や短毛で、性格差を表すデータはあまりありません」

編集部　長毛種、短毛種で、どちら

が甘えん坊というのもないですか？

「甘えん坊というのはないですが、比較的のんびりしているのは長毛種です。あくまで傾向ですが。

長毛種はもともと、存在しない種でした。猫は短毛で活発というのが普通でした。それが突然変異で、長毛の遺伝子ができたときに性格まで変わったのかもしれません。

白い猫がおとなしいといわれるのと、よく似ています。

白い猫も、長毛種も毛が汚れやすいので、おとなしい猫が生き残ったのでしょう」

Question 27

長毛種は生きにくいのでしょうか?

生きにくいでしょうね。長毛種らしい長毛種はマヌルネコしかいません。あとはみな短毛です。

編集部　ユキヒョウもいますが。

「ユキヒョウは長毛ですけどね、長毛には見えないよね。というのも、夏になると毛が短い毛に生え替わるからです。マヌルネコも生え替わりますが、夏毛でもフサフサしています。ユキヒョウは、夏になるとやせてしまったように見えるほど、毛が短くなります。オオヤマネコもそうです。冬毛はフサフサしていますが。

家猫でも、長毛種というのは、生きにくいでしょう。おとなしいといわれるのは、長毛で暴れると、毛が無茶苦茶になってしまうからです。いつでも、毛づくろいをする必要がありますし、毛玉もたまりやすい。

だから、長毛種の家猫を飼っている場合、人間がブラシをする必要があります。短毛種は必要ないです」

Question 28

ペルシャ猫のような長毛種が、なぜ自然発生したのですか？

Answer

理由はないです。ただし、生まれた環境が、遺伝子が突然変異しやすい状況だったとはいえます。

「ペルシャ猫の起源といわれるアフガニスタンは高地で寒く乾燥している地域です。短毛種より長毛種の方が生きやすい環境だったのでしょう。

それに、近親交配が続くと、突然変異が出やすくなります。猫はもともと短毛種で、レバント地方にいました。それが、穀類を食い荒らすネズミを獲る家畜として重宝され、エジプトで多く繁殖されました。

しかし、猫は貴重な動物で輸出は禁止でした。それをフェニキア人が密輸したのです。その密輸場所の一つがペルシャです。しかし、貴重な猫ですから、なかなか新しい猫が入ってこない。そこで、もともといる近い猫同士で交配し、血が濃くなったのだと思います。そして長毛種のペルシャが誕生したのでしょう」

Question 29

長毛種の起源といわれるターキッシュアンゴラなどもトルコですよね？

場所的に近いですね。その辺りもペルシャだよね。あの一帯で飼っていたのでしょう。

「最初に密輸されてきた猫が、非常に貴重だったから出さなかったといいます。秘密で出せば、ぼろ儲《もう》けだったそうです。ペルシャだけで飼われていたのですね。

シャムネコもそのころでしょう。インド経由でタイまで来ました」

編集部　極端ですね。ペルシャとシャム。

「見た目はまるっきり違いますが、同じような状況だったと思います。近親交配がさせた業です。

しかし、ヨーロッパでは、猫はあまり広がらなかったといいます。猫が、ローマ帝国を通じてヨーロッパに広がりイギリスまで行った頃はフェレットが家畜だったといいます。フェレットもネズミを獲るので猫はいらないって言われたらしいです」

Question 30

日本には、猫がいつ頃、どこから入ってきたのでしょうか?

Answer

日本は、記録があるのは奈良時代です。中国から入ってきたのでしょう。

編集部　日本に最初に入ってきたのはどんな猫ですか。

「記録があるのが黒猫で短毛種。宇多天皇御記に書いてあるらしいですよ。唐猫と書いてあるらしいです。だから、唐猫と断っている限りは、和猫がいたんじゃないかという人もいます。その前から猫はいたと。

そこのところはわかりません。しかし、壱岐島から猫の化石が発掘されたといいます。だから、弥生時代に和猫のルーツがあるのではないかと最近はいわれていますね。朝鮮半島から家畜として渡ってきたのでしょう」

編集部　日本でも穀物がとれるようになって、ネズミ対策で猫が必要になったのでしょうね。

「そうでしょう」

Question 31

猫は、よく床に書いた丸い円やスペースの中に入ります。あれって、なぜですか？

Answer

あれは、自分の居場所です。何もない空間に、どこかよりどころが必要なのです。

「人間もそうですよ。体育館みたいに広いところに行くと、隅に集まりますよね。広いど真ん中に座ってくつろぐことはあまりないですよ。

猫も同じです。よりどころとなる場所が必要です。それが、床に書かれた円だったり、紙だったりしてもいいのです。脱ぎ捨てられた服でも

かまいません。そのようなものがあると、そこに座ります。安心感があるのでしょう。

ただし、床サークルに、すべての猫が入るかというと違います。入らない猫も多いです。あれは、入った猫だけを撮影したからです。僕も撮影に立ち会いましたが、なかなか入らず困ったことがありました」

編集部　新聞を読んでいると、そこに猫が乗ってくるのもそうですか？

「それもありますが、別の意味もあります。飼い主にかまってもらうために邪魔しているのです。そちらが強い場合もあります」

Question
32
カギしっぽの猫は、本当に幸運の猫ですか？

カギしっぽは、腫瘍が原因です。僕は、2匹解剖して2匹とも腫瘍ができていましたから間違いないでしょう。僕の家に標本もありますよ。

「カギしっぽの部分に、骨の腫瘍ができて、まっすぐ伸びなくなったのです。

カギしっぽの猫は、長崎とか西日本の港町に多く、幸運の猫といわれますが、病気です。港町に多いので、東南アジアからの病気じゃないかなと考えています。船で、ウイルスを

持った外国の猫が入ってきたのではないでしょうか。

ただし、腫瘍といっても関節炎みたいなもので、尻尾が曲がるだけで、死ぬことはありません。肺などに転移はしていませんでした」

編集部　猫自身は不自由と思っているのでしょうか。

「よくないだろうね。振りづらいし、表情を出しにくいからね。猫は尻尾で気分を表現します。

だから、幸運でも何でもありません。カギしっぽの猫は珍しいから幸運の印といわれるのです。オスの三毛猫と同じようにね」

Question 33

猫が病気かもしれないときにとる、しぐさや行動というものはありますか？

Answer

一番わかりやすいのは、吐いている。ほかにはお尻が汚れている。目ヤニや耳垢《みみあか》がある。身体全体が汚れている。等々ですね。

「気を付けた方がいいのは、まず、吐く場合ですね。ただ、猫草を食べても毛玉を吐きますし、子猫はよく吐くよね。頻繁に吐くようなら獣医さんに診てもらいましょう。

頻繁におしっこに行くのも気を付けた方がいいです。猫は膀胱炎《ぼうこうえん》や尿の病気になりやすいですから。

身体が汚れてくるのも危険信号です。お

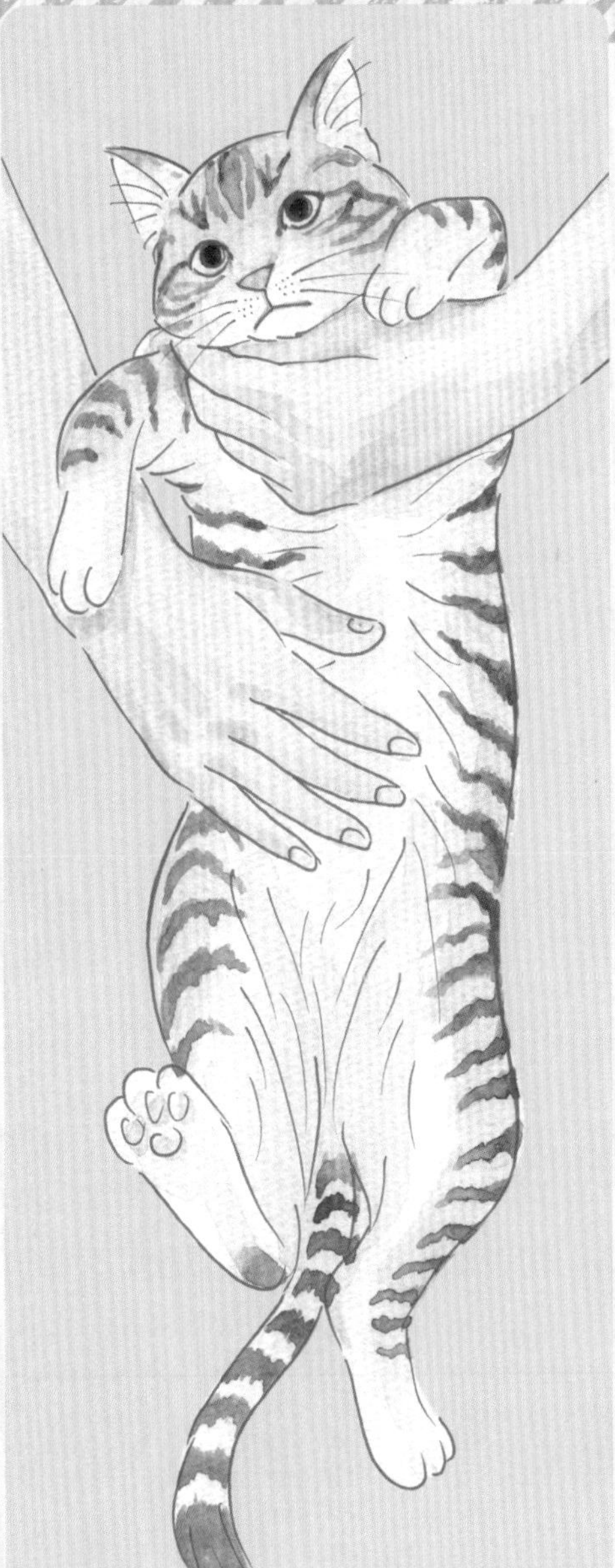

尻の汚れ、目ヤニや耳垢。元気がなくなると汚れます。毛づくろいをしなくなるから。あと、触ると痛がる場所も悪いかケガしている可能性があります。そのためには、普段から、飼い猫を全身なでられるようにしておいた方がいいね。いつも触っても大丈夫なのに、そのとき嫌がれば、痛みがあったり、ケガしたりしているでしょうから」

Question
34

うちの猫は仰向けになって腹を出して寝ます。そのままで大丈夫ですか?

Answer

安心しきって寝ているのです。そのままにしてあげてください。

「野生の猫は、腹を出して寝ることはしません。いつ敵に襲われるかわからないからです。

家猫でも、知らない人がいると、腹を出して寝ることはないでしょう。腹を出して寝ているのは、安心しきっているからです。それと暑いからです」

編集部　うちの猫は長毛種です。だから、余計に暑いのでしょうか?

「そうかもしれませんね。寒いと猫は丸まって寝ます。お腹を内側にして丸まりますが、そのうち暑くなってくると、だんだん身体が開いて、腹を出すようになります。

ただ、お腹は猫にとって急所なので、触ってはいけませんよ。突然、野生ネコ気分（※）になって、あなたの手をかみます」

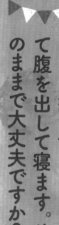

Question 35

うちの猫は目を前あしで隠して寝ます。眩《まぶ》しいのですか？

室内の光が眩しいんだと思いますよ。

編集部　リビングで、椅子に座ってテレビを見ていると、一番上のメス猫が必ず、隣の椅子に乗って寝ます。そのとき、いつも目を前あしで隠すのですが。

「眩しいんだと思います。特に、蛍光灯の光は猫にとって眩しく感じます」

編集部　それなら、ほかの暗い部屋に行けばいいと思うのですが。

「あなたのそばにいたいということもあると思います。また、そこが寝心地がいいという場合もあります。

眩しさよりも寝心地をとったのでしょう。また、寝たい場所をほかの猫に取られている場合もあります。いつも来るなら、そこが寝心地が一番いいのでしょう。猫は常にそのときの気分で寝場所を決めます。寝られる場所を多く用意したいですね」

(※)野生ネコ気分はネコの気分状態のひとつ。詳しくは80頁参照。

Question 36

猫は、目がすごく悪いんですか？

動いているものを見つけるのは得意ですが、解像力は低いです。

「だから、猫は、首をかしげて、相手の位置を確認しています。

それに、路地で猫に出会っても、こちらが目を閉じると、猫はわからなくなります。相手が景色に溶け込んでしまうのです。目を開いているとわかるらしいですね。だから、動物は襲われるとガッと固まります。固まると、猫には見えなくなります」

編集部　目を開けているとわかる？

「目は見えるんだね。目の位置はわかります。特に、人間の目には白目があるから、暗いところでも、目はしっかり見えます。動物の中で白目があるのは人間だけだから」

編集部　えっ、そうなんですか？

「ウマでも、ヒーンとかやるときは白目が出るけど、めいっぱい、瞼《まぶた》で隠していますよ」

Question 37

猫は、歯がなくなっても大丈夫ですか？

Answer

家猫なら、歯がなくても生きていけます。

編集部　うちのメス猫は歯肉炎で、歯がぐらぐらしています。先天性なので、どうしようもないのですが、歯がなくなっても大丈夫ですか？

「猫の歯は、基本的に獲物を仕留め、切り裂くためにあります。歯は全部で30本あります。犬歯は獲物にかみつくため、前歯にある門歯は小さな食べ物をつまんだり、毛づくろいに使います。そして臼歯はその獲物の肉をかみ切るためです。

　家猫の場合は獲物を捕まえるわけでないので、歯がなくても生きていけます。カリカリも大きいものはかんで飲み込める大きさにしますが、ほとんどはそのまま飲み込んでいます。かまなくても大丈夫です。ただし、野生ネコは獲物が捕まえられないので生き抜くのは大変でしょう」

Question 38

猫の肉球は飼い主にとって人気の部位ですが、役割は何がありますか？

Answer

滑り止め、音を消す、衝撃の吸収など、いくつかの役割があります。

「猫は汗をかきません。だから、体温調節は水を飲んだり、涼しいところで休んだりして身体を冷まします。その身体の中で唯一汗をかくところが肉球です。しかし、肉球で体温調節をしているわけではなく、滑り止めです。猫は緊張すると肉球に汗が出て適度な湿り気になりますが、これがストッパーの役目をします」

編集部　うちの子猫は長毛種で、足の裏に長い毛があって、なかなかストップできず、壁にぶつかります。

「徐々にスピードの調節と止まる感覚を覚えていくと思いますよ。

肉球の役割の二つ目は衝撃と音を消すことです。忍び足といいますが、あれは肉球が音を吸収しているのです。また、ジャンプして着地するときの衝撃も吸収します」

Question 39
私にとって、猫の肉球は癒しでもあるんですが。

Answer
人間にとっては、そうなのでしょう。

編集部　以前、飼っていた猫が死んだときに、ペットの火葬業者の方に焼いてもらったのですが、焼けた後の骨の中で、肉球（指）部分だけを、骨壺《こつつぼ》には入れず、小さな巾着袋に詰めましょうか、と提案されました。

「肉球の部分の骨だけを？」

編集部　そうです。ただ、その猫が生きているときに、毎日のように肉球の指部分を触っていたので、思い出が強すぎてやめてもらいました。

「猫は肉球を触られるのが嫌いです。肉球は、滑り止めや音の吸収などだけではなく、顔を洗うときなどにも使う大切な場所だから、あまり触られたくないのです。よくその猫も耐えていたね」

編集部　だから肉球は癒しです。

「猫も大変だ！」

Question 40

猫の方が犬より頭がいいって、雑誌に書いてありましたが？

同じくらいでしょうね。ただし、厳密に比較したものはありません。

編集部　犬の方が、頭がいいということはないのですか？

「犬の方が、頭がよく見えますね。犬の方が陽気ですから。それに、教えるとうれしそうに覚えますから」

編集部　陽気？

「犬は、なんでも返事しちゃいますからね。その点、猫は黙っていますから、犬の方が頭がよく見えるのです。

しかし、同じくらいでしょうね。脳の重さからすると両方とも体重の1パーセントほどで、ほぼ同じです。だから、賢さは同じくらいでしょう。実際、猫も犬も、人間の言葉をイントネーションや音の響きで理解するといわれますが、理解できる言葉は猫も犬も200語くらいといわれています。記憶力も同程度です。猫も犬も頭はいいのです」

Question 41

猫と犬は仲良くできるのですか?

Answer

子どものときから育てればできます。

「猫も犬も子どものときから育てると、同じ仲間だと勘違いします。兄弟だと思うのでしょう。だから、仲良くなります。結構、犬と猫と仲良く暮らしている家庭はあります。

一方、大人同士では難しいでしょう。犬が、少々年齢がいっていても、猫が子どもなら、うまくいく場合もあります。その場合、犬の性格が問題になります。犬の方が大きく強いですから、攻撃的な犬の場合は、猫がやられてしまいます。包容力のある犬なら、うまくいく可能性は多くあります。

逆は無理でしょう。大人の猫は、子どものときに犬と暮らしていれば別ですが、そうでない場合は、犬がストレスになります。猫は寡黙ですから、ワンワン吠《ほ》える犬は苦手です」

Question 42

赤ちゃんトラを育てる親犬を見たことがありますが、本当ですか？

Answer

本当です。赤ちゃんトラを、親犬と同じ匂いにしているのです。

「親犬のおしっことうんちで、赤ちゃんトラをまぶします。そして、赤ちゃんトラの匂いを親犬と同じにします。すると、親犬は人間の一億倍いい鼻で、赤ちゃんの匂いを嗅ぎます。その匂いで、親犬は、怪しいけど、いいかと思うんです。

その場合、親犬はオッパイの出る時期の犬を使います。だから、オッパイも張るので、飲んでくれるのなら、仕方ないとなるのでしょう。

動物園で、羊などの生まれたばかりの赤ちゃんを人間が触ってしまうことがあります。すると、羊は赤ちゃんにオッパイを飲ませません。そのときはお母さん羊のうんちや血でまぶします。それで、オッパイに押し付けると、変だなと思いながらも飲ませます。動物は匂いなのです」

Question 43

家にずっと一緒にいても仲の悪い猫っていますよね。なぜですか？

Answer

最初、仲が悪かったら、ずっと悪いです。

編集部　うんち、『くっつけちゃえ』って、やっても、もう遅いですか。

「それじゃあ、部屋がめちゃくちゃです。猫同士の相性は会ったときに決まります。その後、一緒にしていても、なかなか難しいですね。特に年齢が近かったら、ダメでしょう。

ほかの項目で話しましたが、子猫なら、同一視（行動学では「誤解発」と呼ばれる）といって、相手を自分と同じ種類だという気持ちになります。しかし、年齢が高くなると、そうはいきません。まだ、一方が子どもであれば、徐々に慣れていきますが、ある程度年齢が近い大人の猫同士だと厳しいです。

同一視が、何らかの理由で生まれない限り、うまくいきません。なるべく、離しておく方がいいでしょう」

Question 44

猫も鳥と子どものころに一緒にすれば、猫は同一視しちゃうわけですか？

Answer

はい。そうです。

「鳥の方も、それが親のニワトリでも、ひよこのころに猫と一緒に遊んでいれば、子猫を大事にします。猫と同じように、動物の子どもには、同一視があります。だから、猫とニワトリが仲良しでも不思議ではありません」

編集部　子どものころに、ひよこやニワトリと遊んだことのない猫は、ひよこがいたら、食べてしまうのですか？

「そうですね。ただし、いたぶることもあります。遊ぶわけです。遊ぶか食べるかでしょう。食べることを知っている猫は食べます。それを知らない猫はいたぶるだけですね。親猫が殺し方を教えていないから、そうなります」

第2章

先生に聞きました！

あなたの猫は、あなたのことをどう思っているの？

甘えていたのに、突然かみついた！　なでたらうれしそうなのに、終わるとすぐ毛づくろい。甘えたいの？　嫌なのどっちなの？　そんな猫の気持ち、聞きました。

Question 45

今まで甘えていたのに、突然かむことがあります。なぜですか?

猫は1、2秒で気分が変わってしまいます。家猫気分から野生ネコ気分に変わったのです。

「お腹をさすっていたりするとね。よくなります。猫は気分が変わるまでの間隔が非常に短いのです。1、2秒で気分が変わってしまいます。

そして、野生気分になります。そうしないと生きていけなかったのでしょう。

もともと猫は野生ですが、家猫に

なったときに、野生ネコ気分のままだと、エサがもらえない。だから家猫気分になって甘えてエサをもらう。

しかし、もともと野生だったから、野生ネコ気分もある。それがなくなると、ネズミなどを捕まえることができません。だから、それを両立させるには、切り替えしかありません。家猫気分と野生ネコ気分が頻繁に入れ替わるのです。

さらに、猫には親猫気分と子猫気分のときがあります。それも頻繁に入れ替わります。自分が親猫になって人間を子どもに見たり、逆に子猫になって人間に甘えたりします」

Question

46

飼い猫が捕まえた獲物をくわえて持ってくることがあります。自慢したいのですか？

Answer

獲物をくわえてくるのは、飼い主のあなたを、ダメな大きな子猫だと思って、狩りの練習をさせているのです。

「自慢をしているのではありません。あなたへの教育です。たぶん猫は、普段、人間を、ダメな大きな猫だと思っているのでしょう。猫が持ってくる獲物は死骸ではなくて半分生きています。猫としては、親猫気分で、飼い主に獲物を持ってきて、狩りの練習を

させようとしているのです。しかし、飼い主は飛び上がって驚いて逃げてしまいますよね」

編集部　気持ちいいものではないですから。

「しかし、親猫は、子どもに、そうやって狩りの教育をします。半分生きている獲物を置いて、殺せ、と言っているのです。ところが、人間はびっくりするだけで、全然練習をしない。だから、今回も、またダメかあ、と思って、また、持ってきて何度も教えようとするんですね。だから、飼い主が食べたふりでもしない限り、何回でもやります」

Question

47

飼い主が泣いていると、猫が涙をなめるのは、慰めてくれているんですよね？

Answer

涙をなめるのは、不思議だからです。

「そういうと、身も蓋もないから、『うちの猫は、私を慰めてくれている』と、そう思っていた方が幸せで、いいかもしれません。

しかし、本音は、不思議なんです。それと飼い主の様子が普段と違うからです。だから、近づいてきます。

猫は、平常な時を頭に入れて、部屋をパトロールしています。そして、いつもと同じだなと、確認して安心しています。

それは、飼い主さんに対しても同じです。ただし、泣いていると、『今日は違うな』と思うわけです。

猫にとっては、普段というのがすごく大事です。猫は普段、落ち着いていたい。それに異常があると、不安になります。それが嫌なのです。

だから、飼い主さんが泣いていると、『どうしたんだろう』と調べに行きます。それを同情してくれていると、人間は思うわけですね。

ここまで言うと、本当に身も蓋もないですね。猫好きは、慰めてくれていると思っていた方がいいでしょうね。その方が幸せです」

Question
48

非常に甘える猫がいます。何で、あんなに甘えるんですか?

Answer

これは、敵の策略ですね。猫の策略です。そうすると楽だということを学んだ猫です。

「そうするといいことがある。可愛がられるからです」

編集部　可愛がられて、うれしいんでしょうか?

「そこが、本来の猫じゃないんだよ。別の生き物になりつつあるんだよね。もともと、猫って、かまわれるのが嫌いな動物ですよ。それが、子

猫化すると、かまってほしいんです。

だから、甘えん坊というのは子猫です。図体はでかいけど、精神が子猫なのです。だから、甘える。

要求だけですよね、甘えっていうのは。楽でいいよね」

編集部　猫は、要求はするけど、飼い主がいなくてもなんとも思わない。飼い主の方は人生の9割を猫に持っていかれているというのに！

「少しムカついてきましたか。猫は暖かいところでぬくぬくと今、暮らしていますよ。

飼い主は働いているのに。それが猫の戦略です」

Question

49

飼い主と一緒に寝てくれる猫、寝てくれない猫の違いは何ですか？

Answer

これは個性ですね。飼い主が寝ると、チャンスだって遊ぶ猫もいれば、一緒に寝たいと思う猫もいます。

編集部　飼っている三匹のうち、一番上の子は、ベターって、くっついて寝てきます。ただ、寝てこないときも多いです。

「子猫気分か、大人気分か、あるいは親猫気分かで、違うんだよね。子猫気分のときは、甘えたいからね」

編集部　まったく、くっついてこない猫もいます。その子は大人猫なんですか。

「大人猫だよね。猫らしい猫。でも、

飼い主さんの好みがあるからね。くっついてきてほしいと思っている飼い主さんだと、物足りないよね。

しかし、それが猫らしい猫です」

編集部　そうなんですか。信頼度は、関係しないのですか。

「あまり関係ないでしょうね。

ただ、甘えてきたのは信頼しているからですよ。飼い主のことを親だと思って甘えているのです。

ツーンと行っちゃうのは、自分が親猫気分だから。ダメな〝デカ猫〟はまだ寝てるわ、そうっと寝かしておこうと、思っているのではないでしょうか」

Answer

Question

50

寝ると上に乗ってくるのですが、マウントを取っているのでしょうか？

そうかも知れないね。背中に来る？お腹に来る？胸に来る？

編集部　仰向けに寝ていると胸の上に来ます。

「胸の上だったら向こうが有利だね。〝私はかんだらすごいのよ〟って、そりゃ優位だ。ただし、親愛もあるんですよ、仲良しというしぐさです」

編集部　その猫は、まず、見下ろしてから、ズリズリって、わきの間に落ちていって、そこで寝ます。

「気分が変わって、〝今日は、ここで寝るわ〟って、なったんでしょうね。たぶん、乗った瞬間は、〝私の方が優位なの〟というのが、途中で甘えに変わったのでしょう。

〝横で寝よう〟っと、という切り替えがあるんだよね。ずーっと優位にいるつもりじゃないのです。

途中、〝ふにゃー〟ってなっちゃって、〝寝るか〟となるのです」

Question 51

ある猫は、上に乗ってフミフミをしますが、手を出すと逃げてしまいます。

Answer

フミフミしているのは、赤ちゃん気分。でも、途中で我に返るのです。

「フミフミはお乳を出すときの行動です。しかし、猫はすぐに気分が変わるから、そこが見抜けない。赤ちゃん気分だと思っていたら、急にかんだりね。〝俺はこんなことしている場合じゃない〟って、我に返るんです」

編集部　〝いいかげんにしろ、触るんじゃねえ〟って言われている感じで、猫の奴隷みたいな気分になります。

「そうそう。みんな、そうなります。猫は気分が急に変わるから、猫に合わせるしかない。でも、それが猫好きです」

編集部　飼うと、そうなりますよね。

「しゃべりかけるとき、声が高くなるでしょ。猫好きは、猫の奴隷になりたがっているんだよ。〝どうしたの～ぉ〟なんて、言いながらね」

Question 52

ぬいぐるみの上で、一心不乱にフミフミをする猫もいますが。

Answer

それは甘えです。ぬいぐるみがオッパイの感触なんですよ。

編集部　私に見ていてほしいようです。私を見下ろして、グルグルグルグル言っています。

「まさに、それは、飲んでいるときの行動だよね」

編集部　私は、ぬいぐるみが落ちないように持っていますが、でも、ちょっと卑猥《ひわい》な感じが。

「卑猥？　まあ、確かにね。瞬間的に、短時間だけど、そういう気分を思い出している場合もあります。お

尻を動かしてね」

編集部　えっ！

「それで、悪い癖をつけると大変ですよ。オスはね。飼い主がふざけてわざとやる場合があるの。そうすると射精しちゃって。

　後から、掃除するのに大変です。癖になることもあるからね」

編集部　去勢していても、やるんですか？

「やります。程度が低くなるだけですよ。ホルモンが出るところは、睾《こう》丸《がん》だけじゃありません。副腎などからも出ています、一応は低くはなるけど、癖をつけてはいけませんね」

Question

53

知らない人が来ると、隠れてしまう猫がいます。宅配の人でも隠れてしまいます。

Answer

隠れる猫は、野性味が強い猫です。

編集部　朝方に雄たけびを上げる猫なのに、知らない人が来ると隠れてしまいます。臆病なのでしょうか。

「隠れるのは、野性味が強い猫です。ネコ科は、野生の世界では身を隠すのが普通ですから。

好奇心より警戒心が勝っているのでしょう。

一方、ライオンは吠《ほ》えますね。朝、『ウォッ、ウォッ……』と恐ろし気にほえて、なわばりを宣言します。

自分が健在であることを示すわけです。それも野性味が強いからです。

野性味の強い猫なのです」

編集部　その猫は、普段は私と距離を置いているのですが、何か起きたときだけ、ゴロゴロ言いながら近寄ってきます。

「それは赤ちゃん行動です。子猫気分のときですね」

編集部　一日一回必ずやります。

「子猫気分と野生気分。親猫気分と家猫気分。猫は、すべて持っています。その猫は、それが極端に出やすいタイプですね。変わりものかもしれません。猫の中では」

Question 54

猫が犬から赤ちゃんを守る動画を見ました。なぜ、そんなことができるのですか？

赤ちゃんを子猫と思っているんですよ。

編集部　動画では、飼い主の赤ちゃんが犬に襲われて首根っこをくわえられたとき、猫が飛んできて犬に体当たりしてすっ飛ばし、犬は驚いて退散していきました。

「いますね。まれにいるみたいですよ。飼い主を守ろうとする猫は。

その動画の猫は、赤ちゃんを自分の子猫だと思って、体当たりしたのでしょう。そこまで極端じゃなくても、人間の赤ちゃんを子猫と思う親

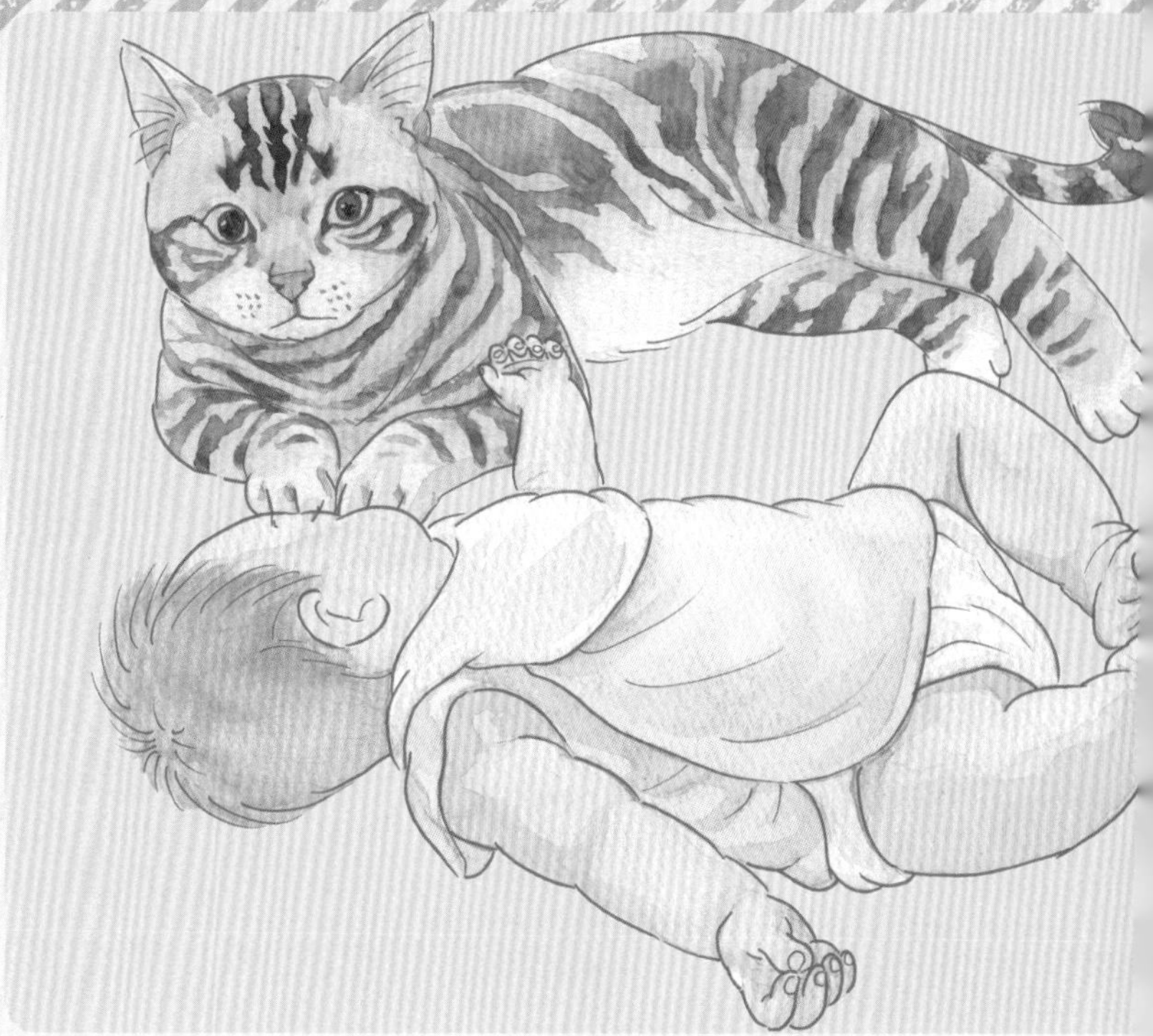

猫気分の猫はいます。

ほかにも、親猫気分のときの猫は、人間をダメな大きな子猫だと思っているから、守りますね。

ほかの項目でも話していますが、猫には親猫気分のときと、子猫気分のときがあります。それが、1、2秒で変わります。

今まで、新しく来た子猫を警戒していた先住メス猫が、すやすや眠る子猫を見て、思わずなめて毛づくろいすることがあります。

犬に体当たりした猫も、赤ちゃんの危機を感じて、親猫気分のスイッチが入ったのでしょう」

Question

55

なでられると、うれしそうなのに、なでられた後に毛づくろいをするのは、なぜですか？

Answer

人間に触られて、人間の匂いがついているからです。そして、なでられて乱れた毛並みを直すためにも、毛づくろいをするのです。

「ほかの項目でも話していますが、猫は匂いに非常に敏感です。そして、猫は毛並みをきれいに整えておく必要があります。猫は、音をたてないように、小鳥などにそっと近づいて狩りをします。そのとき、枝などがあれば、自分の身体を器用に捻ってよけていきます。音が出たら小鳥は飛び去ってしまいます。そのため

音が出ないよう、身体に何かが少し触れただけでも、わかるようになっています。

しかし、毛並みが乱れていると、何かに接触しても気がつかないときがあります。そのために毛並みを常に整えているのです。

その点、犬は突進型です。小枝など突き破って進みます。そして、身体に付いたものは、身体を激しく振って落とします」

Question 56

初対面の猫でも、鼻に指を差し出すと、近寄ってくるといいますが。

Answer

好奇心のほうが、勝つんですよね。

「警戒心より、寄っていこうかどうしようか、考えているのが50パーセント、それよりヤバいと思ったら逃げてしまいますよ。そういう猫は、猫カフェだったら、そのお客さんが帰るまで、見えないところに隠れているよね。

しかし、好奇心が強い猫は寄ってきます。特に子猫は好奇心が強いから、近づいてきますよ。

ただし、本当の野良猫は警戒心が

強いから、まず、無理でしょう」

編集部　人の匂いを嗅がせて、慣れさせるみたいなものだと思っていたのですが。

「それもあるけど、好奇心の強さですね、まずは。

　より猫とコミュニケーションを取りたいと思ったら、鼻に指を持っていくとき、じっと見つめないことです。そっぽを向いているか、一回ゆっくり目を閉じて開けると、猫は警戒心を緩めます。

　また、指も、あまり速く近づけないことです。速く近づけると、驚いて、逃げてしまいますよ」

Question 57

猫を呼ぶには、立っているより、しゃがんだ方がいいんですか？

Answer

その方が来ます。理由は目線です。動物は目を怖がります。目の位置が高いと余計に怖いのです。

「動物は上からの目線を嫌いますね。怖いからです。

だから、人間の祖先は、アフリカの大地で立ち上がっていたのです。

立ち上がれば、ライオンより目の位置が上になるから、ライオンも、襲ったらヤバいかなって思うのです。まさに、立ち上がるよさは、そこにあります。

ライオンは、ダチョウやキリン、ゾウもなかなか襲いません。目の位

置が高いからだよね。
ダチョウは、大地に一羽でいます。ライオンに襲われたら勝てないでしょう。走ってもライオンの方が速いはずです。
高さは大事でしょうね。喧嘩《けんか》するときは熊でもなんでも、目線を高くします。その方が精神的にも有利です。
ライオンにとって、水牛はほぼ同じ高さですが、子牛のころから獲っているから、学習して、襲っても大丈夫だと知っているのだと思います。だから、猫を呼ぶときは腰を低くして目線を下げてやれば、寄ってきやすくなります」

Question

58

どんな猫でも喜ぶなで方は、ありますか？

Answer

まず、嫌がる場所を知っておきましょう。お腹、尻尾、手足、肉球ですね。

「尻尾は強くつかむなといいます。お腹もごろんとして、出すことがありますが、別になでてほしいわけではありません。そのときなでるとかまれることも。

なでられてうれしいのは頬です。あごからやさしく上下になでてやるとうれしそうにします。鼻筋も鼻先からおでこにかけてなでるとうっとりした顔つきになりますよ。

あごの下も、毛並みに沿って下に向かってなでましょう。首筋もやさしく円を描くようにマッサージすると喜びます。

頭から尻尾の付け根にかけても、やさしく毛並みに沿ってなでてください。痛くないようにやさしくやるのがコツです。

そのうち、あなたが嫌になるほど、なでて、なでて、とせがむようになります」

Question

59

猫が好きなタイプって、どんな人ですか？

Answer

あまり近寄ってこない人だね。ガーって近寄っていく人は嫌われます。警戒するからね。

編集部　猫好きは好かれないですか。基本的にいじらない人が好き？

「猫好きは、すぐに抱っこしたがるからね」

編集部　ワーッて言って、抱こうとするから。

「そうすると、『何だコイツ』って、猫は思うんですよ。ほったらかしに

されると、猫の方が、逆に気になって、こいつ誰だろうと調べに来ます。それが一番ですよね」

編集部　好きな人は猫を無視する？

「好きだと猫を睨《にら》むんだよね。あれダメなんですよ。猫は睨まれるのが嫌いだから」

編集部　可愛い、可愛い、って言って睨みつけてしまいますね。

「見ないで、可愛いと言わないといけないです」

編集部　全然興味ないってふりをするといいんですね。

「そうすると、猫の方が、『私どう？』って寄ってきますよ」

Question 60

二匹のときはよかったのですが、もう一匹連れてきたら、関係がおかしくなりました。

Answer

ああ、三角関係でね。上下関係の順位が入れ替わるんですね。

編集部　一番偉そうにしていたのが、ちょっと落ちてきました。

「落ちてくると微妙にバランスが崩れます。三匹になると崩れやすいです」

編集部　三匹はよくないんですか？

「あまりよくないでしょうね。三角関係っていうくらいですから」

編集部　今まで偉そうにしていたの

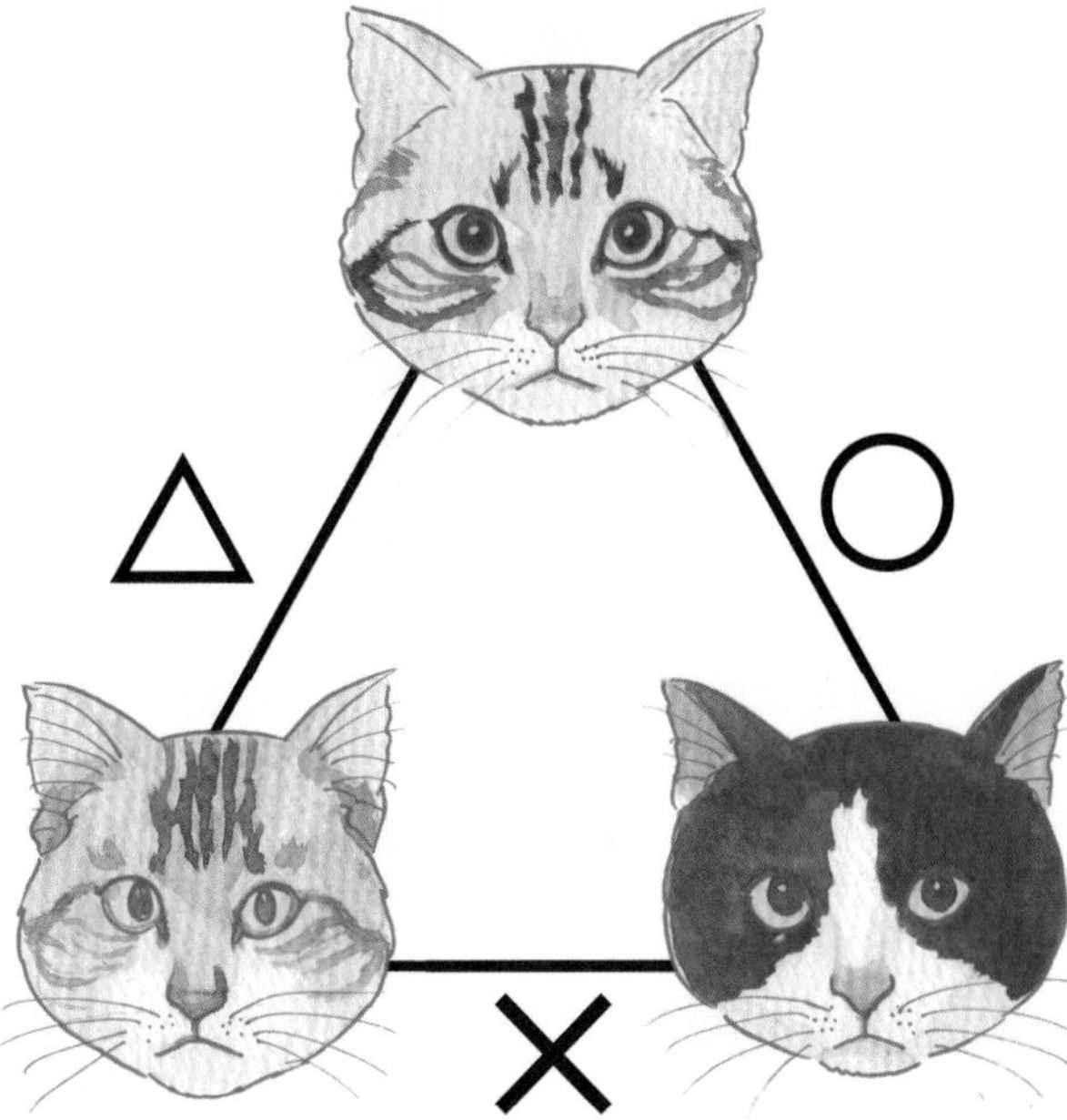

が、三匹目が来ることで、二匹目にも逆転されることはあるんですか。

「ありますよ。三匹目が強ければね。それは、喧嘩《けんか》で勝敗を決します。もともと上だったものが、落ちたら終わりなんです。可哀そうですよ。やがて、自信なくして死んじゃうよね」

編集部　えー、やめてくださいよ。

「チンパンジーはすぐに死んじゃう。大人になった息子に脅かされて死んだチンパンジーを知っています。自分の息子が大きくなって、それまで威張っていたのが、息子にガーっとやられて、自信喪失でもうダメ」

編集部　えーー、悲しいです。

Question 61

猫にも、いじめってあるんですか？

Answer

ありますよ、三匹いれば。三匹飼っているから、耳が痛いよね。

編集部　耳が痛いです。

「三というのは、二対一に分かれます。人間だって、三人いたら、ふたりと、ひとりになります。だから、探検隊は絶対に奇数にします」

編集部　？？

「多数決が決まるから。引き返すか、引き返さないかという状態になったときに、イコールでは、どちらにも行けません。猫もそうです。一匹の方がいじめられる側です。そうすると、それを見ていた飼い主は余計に一匹の方を大事にしますよね」

編集部　そうです。そうです。

「『可哀そうね。可哀そうね』ってなりますね。そうすると、飼い主が見ていないところで、御仕置をされます。中学生のいじめと同じです。先生のいないところでやります」

Question 62

私がキャットタワーの横を通ると上からバシッとたたくメス猫がいます。

Answer

あなたの気を引こうとしているんですよ。

編集部　そのときは二頭飼いで、一方のオスはすごくおとなしくて、ご飯を食べに、餌場に来ただけで、そのメス猫はバシンとオスの猫をたたきます。

「あっち行けって？　それは珍しい。メスだからですね。オスはちゃんと食べさせます。子猫ならば分け与えますよ。そのメス猫は独占欲が強いんだね」

編集部　でも、なんか可愛いんですよね。我の強さが可愛い。

「惹かれる？」

編集部　猫らしい。高いところからシャーってやります。それに、避妊しているのに、かなり暴力的です。でも、すごい甘えん坊です。

「個性的なメス猫ですね。猫は個性が強いから。猫らしい猫だね」

Question 63

多頭飼いを成功させるコツってありますか？

Answer

先輩猫を大事にするんです。

「犬もそうですが、先輩を大事にすると下がうまくいくんです」

編集部　とにかく、今は（先輩猫を）贔屓《ひいき》にはしています。一番偉そうにしていたのを、一番抱きしめて、一番可愛がって。

「そう、そう、そう。それが大切です。猫にはプライドがあります。猫だけじゃなく、動物は皆、プライドが高いんです。だから、先輩を大事にするのです。

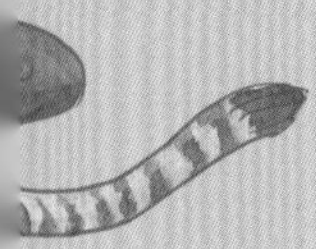

動物のプライドは人間以上ですよ。人間はプライドがあっても抑えるよね。我慢します。それが社会性ですからね。

しかし、犬をあざけ笑ったりすると、ものすごく嫌がります。

猫も黙っているけど、意外とプライド高いんです」

編集部　うちはメスがすごく偉そうですが、オスよりメスの方がプライド高いんですか？

「いやあ、そうでも、ないでしょうけどね。そのメスは先輩猫なの？」

編集部　そうです。

「では、大事にしてください」

Question 64

猫はうるさい音が嫌いなのに、ロボット掃除機に乗っている動画は不思議です。

自分から乗っているわけではないでしょう。おっしゃる通り、猫はうるさい音は嫌いですからね。映像を撮るための演出だと思います。

「ロボット掃除機に乗せるのは、視聴者の数を増やすためです。面白がって、見る人はいますからね。猫も、子どものときから乗せていれば、大人になって乗せてもジッとしていることはあります。掃除機も子猫のときに慣れさせておけば、怖いものではないってわかりますから。

突然、大人になって乗せたら、飛び上がって逃げますよ。ジッとしている猫だって、固まっているだけでしょうから」

編集部　虐待ですよね。あの映像を見たら、うちの子も掃除機に乗せたいと思ってしまうじゃないですか。

「そうですよ。だからよくない。

きゅうりも同じですね。きゅうりを猫の後ろに置いて、脅かすというのも。猫がきゅうりを見て飛び上がるのは、パニックになっているからです。きゅうりを見たことない猫は、きゅうりが黒くて太いから怖いのです」

Question 65

キャットフードのグレイン（穀物）フリーを選ぶのは、猫にとっていいことでしょうか？

Answer

確かに、少しはいいでしょう。デンプンを分解する消化酵素がでていませんから。しかし……。

「猫は犬よりも肉食の傾向が強いのです。ですから、たんぱく質を分解するのに向いています。だから、グレインフリーを選ぶのは、少しはいいでしょう。デンプンを分解する消化酵素がでていませんから。

しかし、野生の猫は、獲物を獲ると丸ごと食べます。だから、その獲物の胃袋に入っている穀物やほかの植物は取っています。ネズミを獲れば、ネズミの胃も腸も食べます。そこにも

穀物やほかの植物は入っています。

それを考えると、穀物やほかの植物を完全にゼロっていうわけにはいかないでしょうね」

編集部　その辺に生えている草も。

「猫草も食べますよ。だから穀物も食べている。純粋なたんぱく質だけじゃあ、長生きしないと思います。

あまり純粋すぎるとよくないでしょうね。身体には、ビタミンなども必要でしょうから、いろいろな食べ物を取った方がいいでしょう。案外、それが栄養として大事かもしれません。まあ、キャットフードにも入っているのでしょうけれども」

Question 66

食べ物の多様性がなくなると、猫たちにどんな弊害がありますか？

Answer

厳密にはいえませんが、理屈通りに飼うとうまく繁殖しないことは、動物園ではいっぱいあります。

「様々なものを取って、はじめてバランスよくなるのだと思います」

編集部　理屈通り飼うと繁殖しないのは、どうしてですか？

「ある種のミネラルが足りないのでしょうね。受精したりするときに。それに、それらのミネラルが足りないと、受精してもうまく育たない場合もあります。飼育下で繁殖させるのは、非常に難しいのです。ただ交尾させればいいのではありません。その後がうまくいかないのです」

編集部　野生でいるときに様々なものを食べるのは理由がある？

「無駄なようでいて、意味があるのでしょう。ジャイアントパンダはいい例ですよ。笹《ささ》だけでは栄養が足りないと考えて、いろいろあげるけど、全然増えません」

Question 67

安価なキャットフードは、悪いものじゃないかと心配になるのですが？

Answer

むしろ、そこが大事かもしれませんね。

「今の人間は、抗菌グッズで育っているから、すぐ病気になります。免疫力が低下しているのです。昔は、三秒ルールというのがあって、地面に落としても、三秒以内に拾えば食べても大丈夫といっていました。

当然、毒や危険な食べ物もありますから、それは注意が必要ですが、あまり純粋にしない方がいいってことですよ。肉だけとかね。いろんなものが、少量だけでも必要でしょうね。

以前の猫は、飼い主が猫まんましかくれなくても、外で、バッタとか、ドブネズミを食べていました。

そういうところで、栄養を取っていたのでしょう」

編集部　高いキャットフードなら長生きするかいうと、そうでもない。

「そうだと思いますよ」

Question 68

猫にあげていいもの、悪いものは？

Answer

基本的に、人間用に味のついた食べ物は、やめるべきです。

「基本的に人間の食べ物は味が濃くて塩分が強いです。だから、人間用に調理したものはすべてダメです。それに、キャットフードは薄味ですから、味が濃いものに慣れてしまうとフードを食べなくなります。

なお、絶対にあげてはいけないのが、ニンニク、玉ねぎ、ニラ、ネギです。猫の赤血球を破壊します。これらは熱を通したものでもダメです。ハンバーグなども注意してください。カリフラワー、ブロッコリー、キャベツ、カブは、ごく少量なら問題ないですが、危険です。

からし、クレソン、ワサビやアボカドも危険です。チョコレートも中毒になります。イカやタコなどの軟体動物類、大量の青魚、そして大量のレバーもダメです」

Question 69

以前飼っていた猫は、あんこを食べました。味がわかるのですか？

あんこを、肉の甘さと同じように、感じているかもしれません。

「上等のたんぱく質は、甘く感じるらしいですよ。あんこもね。人間が感じる甘さではなくて、たぶん、肉の甘さのように感じているのではないでしょうか」

編集部　いま飼っている子猫は、何でも食べたがります。生ハムでも、ヨーグルトでも。この前、醤油《しょうゆ》をなめていました。

「子猫のときにあげれば、必ず食べます。子猫は親がくれるものは食べ物だと思いますからね。同じく親が食べているものも、食べていいものだと思いますよ。

だから、猫にとってよくないものを子猫時代にあげると、将来、病気になります。子猫のときから食事には気を付けたいですね。塩分の高い生ハムや醤油はよくないでしょう」

Question 70

夜中にフードがないと、寝ている私を起こして、要求してきます。

あげてもかまいませんが、癖になります。

「起こせばくれると、猫は思います。そうすると、キャットフードがなくなると、常に起こしに来るようになりますよ。そういう仕組みなのですよ。脳みそは」

編集部　**以前飼っていた猫は、フードがなくなると、必ず、耳元で「ニャー」と鳴いて、私を起こしました。起こされるのが嫌で、多めにあげていたら、太ってしまって。**

「デブになりますね」

編集部　**そうです。体重が10キロ近くなって。**

「大猫だ。太りすぎるのも、身体によくないですから、耳元で鳴いても無視することですね。そのうち、諦めて来なくなります」

編集部　**今後は耳栓して寝ます。**

「それがいいですね」

Question 71

今飼っている猫は、猫草を食べません。あげた方がいいですか？

Answer

食べなければ、無理にあげる必要はありません。

編集部　以前、飼っていた猫は、猫草を買ってくると、すぐに嗅ぎつけて飛んできました。なので、隠して、ちょっとずつ切ってあげました。すると一瞬で食べてしまいます。食べると、すぐにえずき始めて、私がペットシーツで、猫が吐くものをキャッチするのです。3回も連続で吐くので、キャッチするのが大変でした。

「それはいい猫です。飼いやすい猫ですよ。シーツを出すと、普通は嫌がります」

編集部　確かに嫌がっていました。

「シーツを外して、横を向いて吐くよね」

編集部　逃げようとするけど、ダメって言ってシーツを出してキャッチ。

「それはすごい。あのね。自分の出したものは自分のものなんですよ」

Question 72

吐いたものも、自分のものなのですか？

Answer

そうです。後で食べようと考えているのかもしれません。

「鳥が卵を産むと、温めますね。あれは自分のものだからです。自分の身体から出たことを鳥は知っています。だから、自分の身体から出たもの（卵）を敵に獲られないようにお腹の下に隠すのです。それが、温めるという方向に進化したのでしょう。

きっと、温めた方が、孵化率《ふかりつ》がよかったのでしょう。それで、温めるという習性ができたのです。

哺乳類もそうです。猫もそうです。サルもそう。自分で生んだものは自分のものです。

サルは生んだ赤ちゃんが死んでも引きずって歩いています。それは、自分のものだからです。ぼろぼろになっても、引きずっていますよ。

動物園ではそれは取り上げます。お客さんがうるさいからです」

Question 73

死んだ赤ちゃんを抱いているのは、悲しいからではないのですか？

Answer

違います。あれは、自分のものだと思っているからなのです。

編集部　**赤ちゃんを抱いているサルを見ると、悲しくて離せないのかと思っていましたが。**

「ほかのものにとられるのが嫌なのです。

しかし、動物園ではボロボロになった赤ちゃんの死骸をそのままにしておけないので、そのサルを追いかけ回します。

サルは逃げ回ります。そのとき、何かのはずみで、死骸を落としたりしたら、すかさず回収します。

死骸を回収されたサルはとられちゃったという顔をしているだけです。悲しんではいません。

テレビなどで、そのようなサルの行動が、あたかも愛情のたまものであるかのように放送しますが、あれは演出です」

Question 74

子を亡くした親ザルが、親が死んだ子ザルを育てるシーンを見ましたが。

Answer

まれにあるかもしれませんが、匂いが違うので普通はしません。

「親のサルが死ぬと、普通は、お姉さんサルかお兄さんサルがおんぶして移動します。彼らが親の代わりを務めます。

ほかの親は一切関係ありません。人間だけですね、孤児を育てるのは。ライオンや猫もそうです。

ライオンの場合、同じプライド（仲間）の姉妹のメスが、子ライオンを育てます。別に親ライオンが死んでなくても、オッパイをあげたり世話をしたりしますね。

猫も同じです。姉妹猫同士で、子猫の世話をします。姉猫が狩りに行っているときに、妹猫が自分の子猫と同様にオッパイをあげたり、なめてあげたりしますね。

それは血縁関係があるからです。匂いが近いからです」

Question 75

猫は人を恨んだり、復讐《ふくしゅう》してやろうと思ったりしますか？

Answer

猫に限らず、動物は人やほかのものを恨んだり、復讐したりすることは、ありません。

編集部　**子ゾウが、ライオンなどに襲われたとき、復讐をすることがあるという映像を見たことがあります。**

「恨みはしません。動物に恨みはないですね。嫉妬はありますが。

猫もそうですが、ゾウも普段と違うと不安なのです。ゾウも、子ゾウが倒れていると、起こそうとします。ゾウは移動のために、子ゾウが立ち上がるのを待ちます。それをテレビは、死を悼んでいると解説します。

しかし、待っていて、死骸が腐ってくると、どうも違うものらしいとなって移動してしまいます。死を認識するのは人間だけ。だから、動物が恨んだり復讐したりすることはありません。もちろん、ライオンが襲ってくれば反撃します。それが復讐に見えることはあるかもしれません」

Question 76

飼い主とお風呂に入っている猫がいますが、どうすればできるのですか？

Answer

それは非常に珍しいですが、子猫のときに、しつけたんでしょうね。

編集部　子猫のときにしつければ、できるものなんですか？

「子猫にとって、飼い主は親なんですよ。親がすることは全部覚えます。そのころは、まだ、お風呂に入るのは、嫌じゃありません。

猫は子どものころに、あらゆることを刷り込まれて生きていきます。たぶん、その家では、子猫のときに一緒にお風呂に入ったのでしょう。

普通、猫は濡れるのが嫌いです。祖先のリビアヤマネコは砂漠の猫ですから水は苦手。それに、猫の被毛には脂分がないので、水に濡れると地肌にしみ込んで気持ち悪いのです。

ただし、お風呂には興味がありま す。のぞきに来ますね。水自体にも興味があります。猫は好奇心が強いですから」

Question 77

家具などへのツメ研ぎ対策は何がいいですか？

ツメ研ぎ防止シートがいいでしょう。

「猫がツメ研ぎをするのは、意味があります。まず、武器になるツメを常に使えるようにするためです。

また、背伸びしてツメ研ぎをするのは、マーキングです。より高い位置にツメ痕を残すためです

それから転位行動をすることもあります。何かに失敗した、怒られた等々、気分を変えたいときにします。人間でいうブレイクタイムです。

なのでツメ研ぎをやめさせることはできません。ツメ研ぎ対策は、まず、「ツメ研ぎ」をいくつか用意することです。横置きのもの、縦置きのもの、キャットタワーも柱が「ツメ研ぎ」になっているといいでしょう。

その上で、どうしてもツメ研ぎをしてほしくないところには、ツメ研ぎ防止シートをしましょう」

Question 78

シャンプーを嫌がります。できる方法はありませんか？

シャンプーは無理にしなくても、いいですよ。

「基本的に、外に出すことのない猫はシャンプーをする必要はありません。猫は水が嫌いですから、子どものときからシャンプーを経験していないと、大人になってするのは非常に大変です。

無理にしようとすると、暴れて猫も飼い主も危険です。

特に短毛種はしなくて大丈夫です。猫は自分で毛づくろいをしますから、いつもきれいにしています。

薄汚れていたら、シャンプーよりも、猫に病気がないか、注意した方がいいでしょう。元気がなくなると、毛づくろいもしなくなります。

どうしても、しなくてはいけないときは、ペット専門の美容院でしてもらうか、湿らせたタオルで身体をふくのもいいでしょう」

Question 79

猫に言葉を覚えさせることはできますか？

簡単な言葉なら、いくつかできます。

「何かと関連付けて覚えさせると、比較的うまくいきます。掃除機の嫌いな猫に、『そうじ』と言って、掃除機をかけることを繰り返すと、『そうじ』と聞いた瞬間に逃げていきます。

また、『ごはん』と言ってカンカンを鳴らし、ご飯をあげると、カンカンの音と『ごはん』の言葉を結び付けて、猫は言葉を覚えます。

『お手』と言って、手からおやつをあげることもできます。手におやつをのせて、『お手』といい、手で取ったらあげます。しかし、口で取ろうとしたら手を閉じます。これを繰り返すと、『お手』を覚えますよ。

ほかにも、『遊ぶよ』と言って、おもちゃを出すことを繰り返すと、『遊ぶよ』と言うと、飛んできますよ。

何かと関連付けることです」

Question 80

昔、飼っていた猫が突然死して、原因を知りたいと思いましたが……。

突然死の原因を知るのは、難しいですね。

「突然死でなくても、猫が死ぬと、その原因は多臓器不全とされる場合が多いです。これは、基本的に、わからないということです。突然死の場合、外出しの猫だったら、毒が原因の場合もあります。害獣予防で毒を使う人もいますから」

編集部　また、重い病気になり、しばらく治療しても助からないとわかり、泣く泣く安楽死させた猫もいます。そのときも原因は不明でした。死後にきちんと病名を知るために解剖という選択肢はあったのでしょうか？

「その猫の場合、安楽死は選択として間違ってないと思います。しかし、解剖はおすすめしません。解剖しても原因はわからないケースがほとんどです。結局、多臓器不全と診断されてしまうこともあります」

第3章

人気の猫、集めました！

日本と世界で人気の猫たちが自己紹介。
スコティッシュフォールド、ペルシャ、アメリカンショートヘア
などなど。リアルイラストでお楽しみください。

執筆：編集部、監修：今泉忠明

※各猫の性格等はすべて一般的傾向です。

Question 81

猫に聞きます！ アビシニアンってどんな猫？

あまり日本の人は知らないかもしれませんけど、私は一番古い家猫といわれているの。私の先祖は古代エジプト時代にファラオに愛でられていたらしいの。クレオパトラも愛猫にしていたと聞いたことがあるわ。

私のつややかで、当たる角度によって様々に輝く毛は、王のお気に入りだったの。歩くたびに輝く色が違うから、神の使いと考えていたみたい。古代エジプトの遺品に描かれている猫たちは私にそっくりよね。

だけどね、最近の遺伝学ではルーツがインド洋沿岸や東南アジアっていわれているみたい。どっちが本当なんでしょう。神経質な私には気になるわ。

気品があるっていわれる私だけど、実はすごく活発なの。走り回るのも好き。スリムな体形の維持に運動は欠かせないわ。体重は４キロを死守ね。

【アビシニアン】

Question 82

猫に聞きます！ アメリカンショートヘアってどんな猫？

僕は「アメショー」の略称で、日本の皆さんには超おなじみですよね。僕たちは陽気で活発な性格で、遊んでくれる飼い主さんが大好き！

知っていました？ 僕の先祖はメイフラワー号に乗って、アメリカに渡ったんです。役割はネズミを獲ること。僕の誇りです。

おっと、ちょっと待ってください。そこにネズミが！ 追っかけますね。

おっと、今度はスズメだ。

よく、落ち着きがないっていわれます。軽やかっていってほしいんですけどね。体形だって、運動するから太っていませんし、目も大きいし、口元もキュートだと思いませんか？ ちなみに僕の体重は4キロで、クラシックタビーの柄です。

アメリカでは、本当に伝統的な猫らしい猫なんですよ、僕は。

【アメリカンショートヘア】

Question
83
猫に聞きます！ エキゾチックショートヘアってどんな猫？

さて、質問です。私はどの猫に似ているでしょう。三秒数えますから、答えてください。1…。2…。3…。

ピンポーン、正解です。ペルシャで～す。鼻の形や目の形、そっくりですよね。ただ、長毛ではありません。ペルシャの毛の短いバージョンが私です。

ちなみに、私はペルシャの毛の短いバージョンとして開発されたわけではありません。私はアメリカンショートヘアとペルシャとの交配でできた猫です。当初は、アメリカンショートヘアのシルバーでブルーアイの猫を作ろうと思ったみたいです。

しかし、交配させてみたら短毛種のペルシャができたのです。体重も4キロ程度です。性格もペルシャに似て、おっとりしています。それに、飼い主さんに甘えるのが大好き。私を飼うならスキンシップは欠かせません。

【エキゾチックショートヘア】

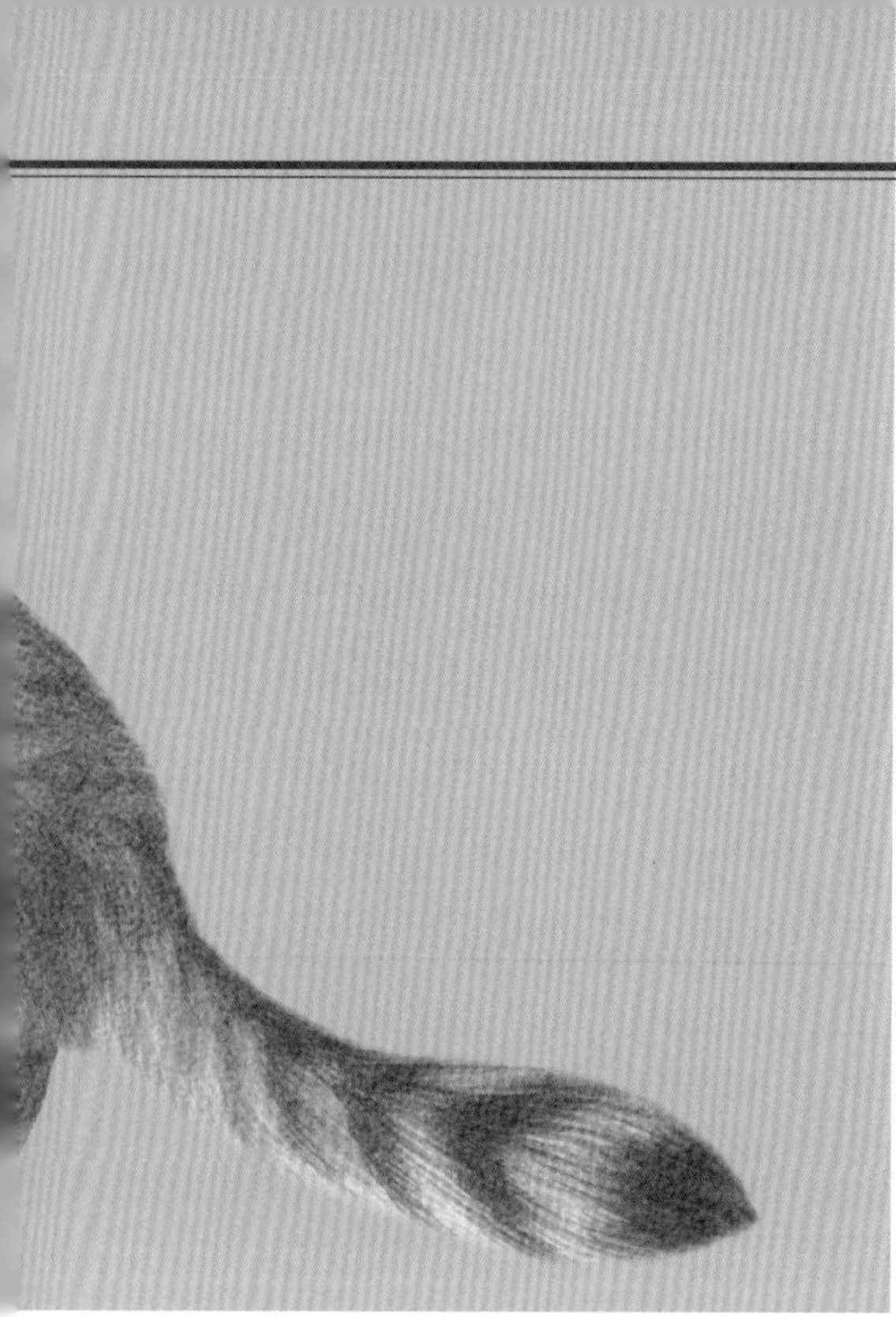

Question 84

猫に聞きます！サイベリアンってどんな猫？

結構、私は寒さに強いですよ。なにせ、生まれたのはロシアですから。それも人間によって開発されたわけではありません。ロシアの寒い大地に自然発生した猫です。

見てください、この立派な毛並み。アンダーコート（内側の毛）は体温を逃さないようになっていて、オーバーコート（外側の毛）は風雪から身を守っています。

【サイベリアン】

身体もがっしりしていますよ。四肢も太くてしっかりしています。顔立ちもりりしいでしょ。体重も6、7キロあります。大人になるのも、3、4年はかかります。

もともと、ロシアの厳しい大自然の中、小動物を獲って生活していました。だから、俊敏でパワーもあります。それを買われて、ロシアの人々にネズミ捕りや、番犬代わりに飼われていたとの言い伝えもあります。

しかし、性格はおとなしく、穏やかです。そして、ちょっぴりおちゃめです。さらに、勇敢なところもありますよ。

Question 85

猫に聞きます！サバンナってどんな猫？

よっ！　見ない顔だね。物書きさんか。へぇ～。俺の出自はサーバルキャットのオスと、家猫のメスにできた子どもだよ。野生のサーバルの血が流れているから、かなり、はしゃがせてもらっているよ。

ジャンプさせたら、天井まで届くよ。身体も引き締まっているだろ。脚もほかの猫に比べたら長いしね。耳だって、アフリカのサバンナでは遠くの音を聞かなきゃならなかったから、結構大きいだろ。毛のスポット柄もカッコいいだろ。野生の血をひいてなきゃ、こうはいかないね。

でも、飼い主さんは大変みたいだね。しょっちゅう遊んでもらわないと、欲求不満になるし、甘えて頭はぶつけてくるし、って、かなり疲れているよ。でも、仕方ないよ、野生の血がそうさせるんだからさ。

【サバンナ】

Question 86

猫に聞きます！ジャパニーズボブテイルってどんな猫？

私の先祖はもともと普通の日本猫でした。１９６８年にアメリカに渡ったのです。そこで、アメリカの人から「流線形のボディーと丸い尻尾が可愛い」と言われて、繁殖されました。

私は女子ですから三毛猫です。私の目はブルーですが、仲間にはブラウンも、グリーンもいますし、オッドアイ（左右の色が違う瞳のこと）もいます。

尻尾ですが、日本の猫はすべてが丸くはないみたいですね。しかし、江戸時代には、尻尾の長い猫は化け猫といわれて、嫌われていました。愛されていた猫は、私みたいに尻尾の短い猫です。

毛の長さは、長いものもいれば、短いものもいます。もともとは短かったと聞いています。私の重さは3キロ強。日本にいる猫と変わらないらしいですね。一度、日本の猫に会って、遠いふるさとの話を聞いてみたいです。

【ジャパニーズボブテイル】

Question 87

猫に聞きます！シャムってどんな猫？

聞いてくれる！　私の先祖はタイで自然に生まれたの。ヨーロッパでデビューしたのは1871年だって。ロンドンのクリスタルパレスでのショーだったのよ。一気に人気が出たの。アメリカデビューは1879年。当時の大統領へイズが、私の先祖を妻へのプレゼントに送ったのよ。すごくない！

逆三角形の顔に茶色のポイント。サファイアブルーの瞳。白からブラウンになる身体のグラデーション。長く伸びた尻尾。どれをとってもプレゼントにピッタリよね。体重は3・5キロ。

好きなものはおしゃべりと甘えること。でも、ときどき、うるさいっていわれるのがしゃくだわ。食べることも好きよ。ただ、おいしくないものは嫌い。おもちゃも大好き。1日1回のブラッシングは欠かさないでね。要求にはうるさいわよ。

【シャム】

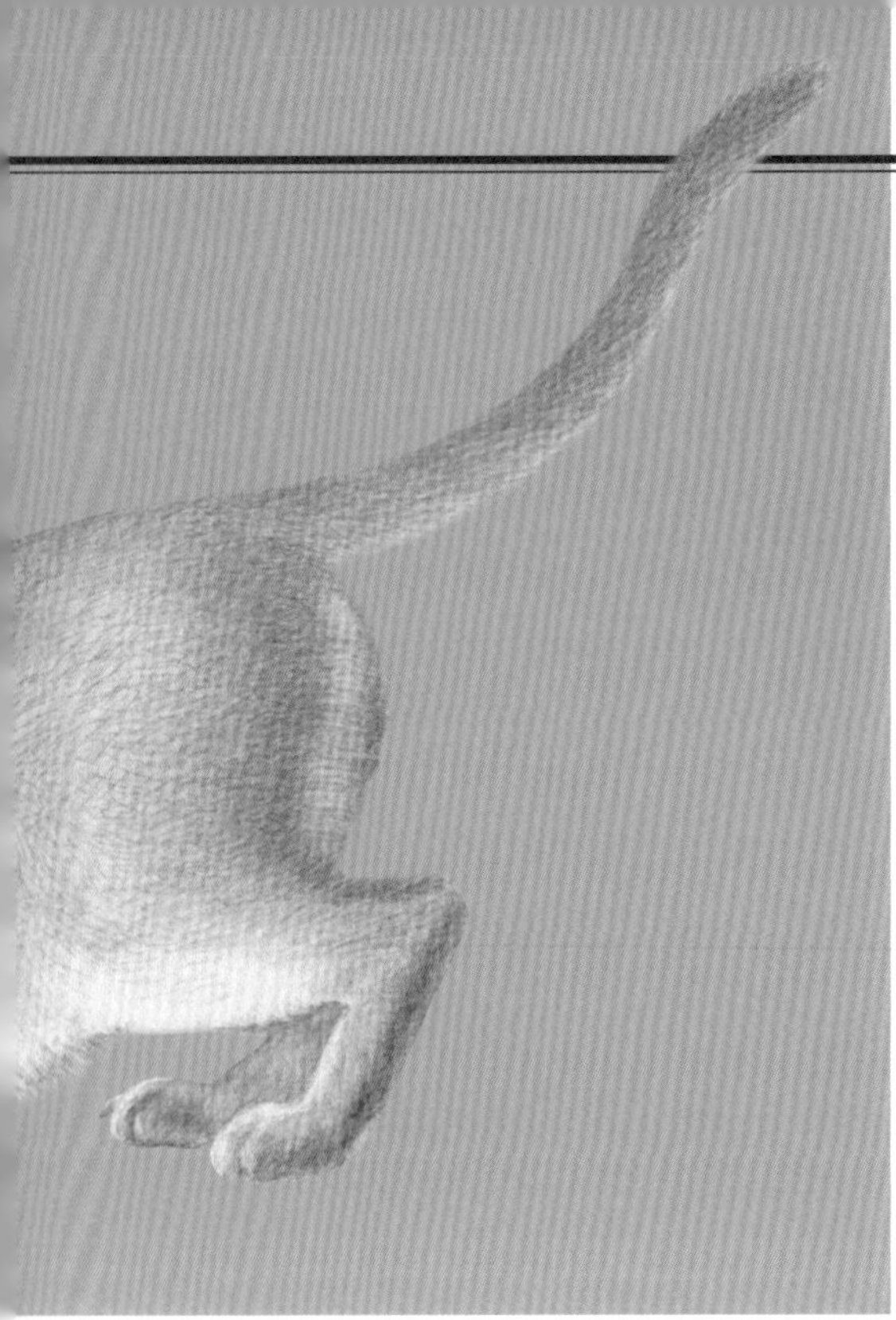

Question 88

猫に聞きます！ シンガプーラってどんな猫？

絵だとちょっとわかりづらいですが、私は小さな猫です。体重も、大人の猫になっても2、3キロにしかなりません。体形もスリムです。でも、シンガポールでは「生きた国の宝」です。

1991年に、そのように国から認定されました。私が勝手に言っているわけでありませんよ！

シンガプーラという名前もマレー

【シンガプーラ】

語でシンガポールを表す言葉です。「小さな妖精」と呼ばれることもあります。

小さいから、高いところへひょいっと飛び乗るのが好きです。軽いから馴《な》れている人の肩にも乗っちゃいます。人の肩に乗って、周りを見渡すと気分がいいですよ。

シンガポールの暑いところに住んでいるので、毛は短いです。そして、毛の一本一本にはアグーティタビーと呼ばれる細かいしまがあり、遠目には、ごましお状に見えます。

好奇心も強くて、外交的といわれますが、本当はおとなしい猫です。

Question 89

猫に聞きます！ スコティッシュフォールドってどんな猫？

折れ曲がった耳が可愛いでしょ。私、この耳がお気に入り。でも、私の仲間には立ち耳のコもいて、そっちもなかなかキュートなのよ。

生まれたところ？　スコティッシュっていうくらいだから、スコットランド。でも、私の毛の模様もいいでしょ。クリーム色のマッカレルタビー（しま模様）って、気品があっていいでしょ。それにおしゃれじゃない。

あっ、そういえば、聞いたことがある。私の先祖って、スージーっていったらしいの。私と同じように耳が垂れていて、顔が丸かったんだって。きっと、私みたいにすごく魅力的だったようねえ。

性格？　考えたことない！　でも、楽しく暮らすのが大好き。誰でも楽しく過ごせるならハッピーでしょ。私もそう。誰とでも仲良くなれるわ。

【スコティッシュフォールド】

Question 90

猫に聞きます！ スフィンクスってどんな猫？

寒くないかって？ 寒いけど、それほどでもないわ。でもね、寒いのはやっぱり苦手、だって毛がないんですもの。

毛がないのに、ご先祖様の生まれは、寒いカナダよ。毛のない子猫が生まれたの。もともとはカナディアンへアレスキャットって呼ばれていたわ。見たまま、何の工夫もない名前だったわ。でも、見た目がね、スフィンクスに似ていたの。で、やっとそれらしい名前になったわ。

耳が大きくてレモン形の目はどことなく知性的で妖精みたいでしょ。毛のない肌もしっとりしていて肌触りは最高だって褒められるわ。ただ、毛がないから直射日光は苦手かしら。体重はだいたい4キロぐらいが平均ね。日本ではマイナーなイメージだけど、欧米では私たちの中から大作映画に出たコなんかもいて、結構な人気者なの！

【スフィンクス】

Question

91

猫に聞きます！ トイガーってどんな猫？

僕のこと、知っている人は少ないんだろうな。トイガーって、トイ（おもちゃ）とタイガー（トラ）の言葉が合体した名前です。毛がトラ柄だから。で、トラみたいに狂暴にならないようにって、トイをつけたらしいです。アメリカで開発されたんだよね。

僕のこと、少しはわかってくれたかな。ただ、残念なことに、色鮮やかにトラ模様が出ない仲間もいます。人間たちは、一生懸命色を出そうと、今でも苦労しているみたいです。

大きさは中肉中背。４キロ程度の猫ですよ。それでも、骨格はがっしりしているから、歩く姿は風格あるように見えます。絵ではあまり感じないかもしれませんが。性格は明るく、従順で、賢い猫っていわれています。日本でも仲間が増えてきたから、どこかで見つけてくださいね。

【トイガー】

Question 92

猫に聞きます！ノルウェージャンフォレストキャットってどんな猫？

　僕たちはメインクーンと並んで、世界でもトップクラスの大きさを持つネコだよ。自慢はこの長くてモッフモフの長毛かな。

　名前にもノルウェーってついているからわかると思うけど、寒い国に住んでいるから、身体の毛は非常に厚いんだ。外側の毛は撥水性《はっすいせい》だから、少々濡れても平気だし、ウールのような内側の毛は非常に保温性が高いんだよ。

　ノルウェーのあるスカンジナビア半島は、すごく自然が過酷。そんな気候の中から自然に生まれ、生き残ってきたから、身体は丈夫だし、ハンティングも得意。あの海賊のバイキングの船や村を害獣から守ってきたのは、僕たちだよ。バイキングの歴史にも登場するんだ。性格は、比較的おとなしくて、物静かっていわれている。少々寂しがりやかな。

【ノルウェージャンフォレストキャット】

Question

93

猫に聞きます！ バーマンってどんな猫？

「ビルマの聖なる猫」って、呼ばれています。ミャンマーで自然発生した長毛種です。一番の特徴は白いソックスをはいたような足先です。目はサファイアブルーです。毛の柄はポインテッドカラーで、シルクのようになめらかです。

身体は大きくて丈夫。体重は5キログらい、おとなしくて、穏やかな性格です。

【バーマン】

私たちには、伝説が残っています。私たちのご先祖様が瀕死《ひんし》のご主人様をみとっているときです。胸に両手を置いてお祈りをしていました。

そこへ、ご主人様の守護神である金色の女神が降りてきたのです。女神は私たちの身体を金色に輝かせ、頭と尾を濃いブラウンにしました。そして、ご主人様の胸に当てていた両手を、純白にしてくれたのです。

私たちの従順で飼い主思いの心を表したといいます。

ただ、私は、飼い主を亡くしたご先祖様の気持ちを思うと、悲しくなってしまいます。

Question 94

猫に聞きます！ブリティッシュショートヘアってどんな猫？

昔はネズミ捕りの専門家だったんだ。先祖をさかのぼっていくとローマ時代にまでたどり着くんだぜ。最近は少々小型になっちまったけど、昔は大きかったんだ。ヨーロッパのネズミは俺たちを見て恐怖におののいたもんさ。

だから、今でも身体はどっしりして、胸板も厚く幅広で、足も太いよ。毛も少々ゴワゴワしているかな。

しかし、最近は、ネズミ捕り専門から、家猫として、悠々と暮らしているよ。丸い顔が可愛いっていう人間たちも多いしね。ただ、人間たちは好きだけどね、ベタベタするのは、性に合わないな。

毛の色はいろいろあるけど、一番スタンダードなのは、ブリティッシュブルーかな。俺の色はアンドホワイトだけどね。日本人の愛好家には「ブリ、ブリ」って呼ばれて、魚かよって感じ？

【ブリティッシュショートヘア】

Question 95

猫に聞きます! ペルシャってどんな猫?

私は「猫の貴族」っていわれます。丸い体形で顔も丸いの。耳は小さくて、目はパッチリです。鼻が少々つぶれ気味で鼻ぺちゃなの。でも、そこが愛くるしいって、ちょっぴり自慢かな。

アフガニスタンがふるさとっていわれるけど、日本で生まれた私はよく知らない。私の祖先が生まれたころは、もっとほっそりしていたんだって。でも、スリムな私なんて、想像できないわ。ベスト体重は4キロくらいかな。

毛はたっぷりの、代表的な長毛種なの。このモフモフが好きって人、多いのよ。仲間にはいろんなカラーがあって楽しいけど、とにかく毛が長いから、飼い主さんはマメな手入れが必要よ。

性格はおとなしいっていわれるけど、結構人見知りなの。追い回したりしないでね。好きなことは飼い主さんの膝の上でゴロゴロすることよ。

【ペルシャ】

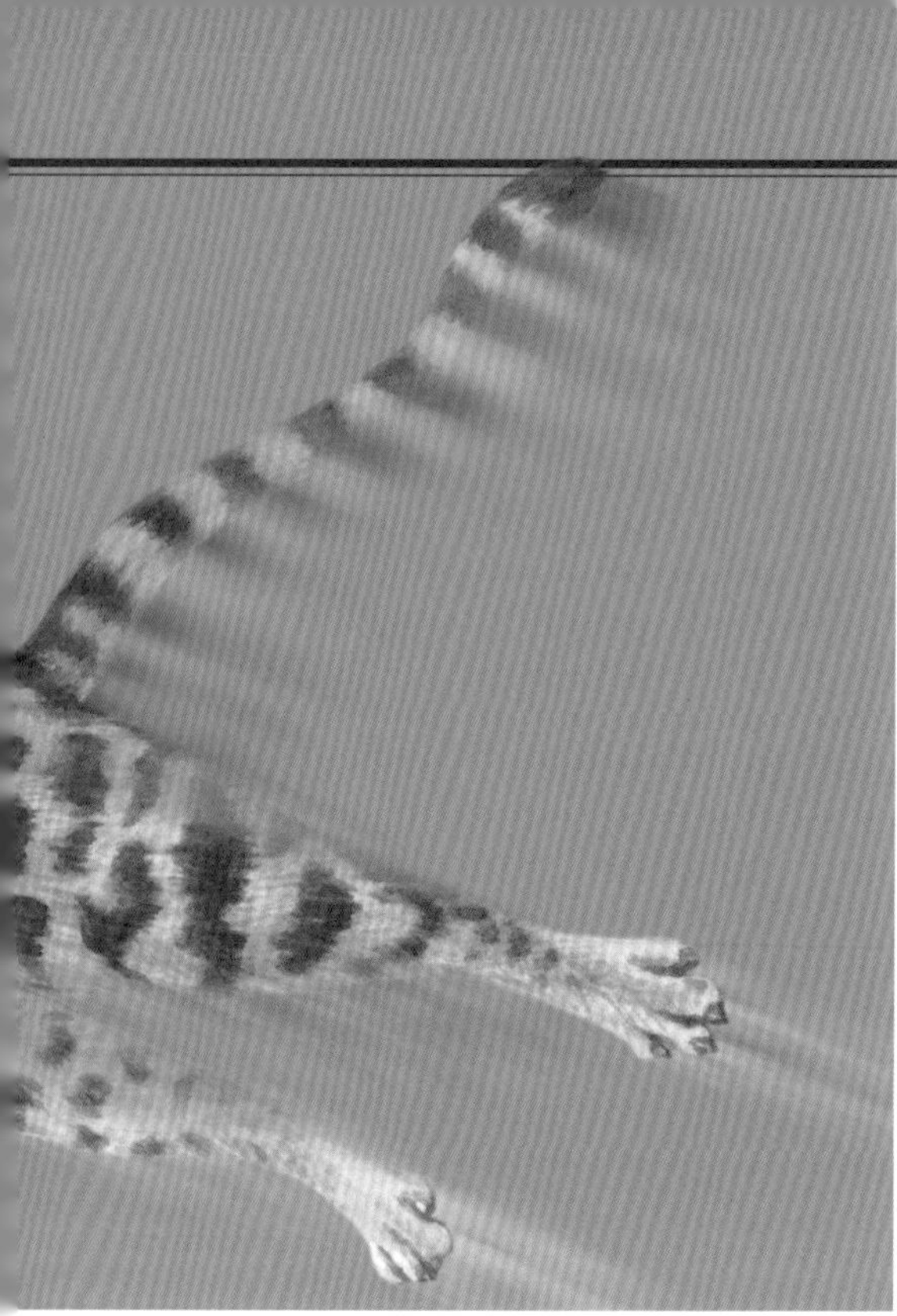

Question 96

猫に聞きます！ ベンガルってどんな猫？

ときどき、サバンナと間違われるから嫌なんだよね。俺の方が、由緒正しいヒョウ柄だよ。先祖はアジアンレパードだよ。ベンガルヤマネコのことだよ。ベンガルヤマネコはレパードキャットと呼ばれるんだ。俺の毛並みもミンクのようで、かなり手触りはいいみたいだよ。

そのアジアンレパードと家猫が交配してできたのが、俺の先祖。アジ

【ベンガル】

アンレパードはかなり凶暴な野生ネコだけど、そこまで、俺は凶暴じゃないよ。家猫の血がはいっているからさ、それなりに猫らしいよ。体重も5、6キロってとこかな。

ただ、ちんまり膝の上で寝ているだけなんて無理。遊んでくれないと。まあ、膝の上も好きだけど。もっと、ジャンプさせてよ。俺を飼いたいならキャットタワーは必須だね。いないならキャットタワーから、君に向かってジャーーンプ、なんてね。

食事も、ほかの運動量の多い猫と同じように、高たんぱくで、量も少々多めを希望するよ。

Question 97

猫に聞きます！ マンチカンってどんな猫？

オレ、マンチカン。超人気者なんだぜ。猫好きの日本人ならよく知ってるよね。脚が短いからって、鈍足じゃないんだぜ。これでも、スピードに乗ったまま、器用にコーナーを曲がれるんだ。背の低いスポーツカーみたいなもの、機敏なんだよ。ただ、ジャンプだけはちょっと苦手かな。仲間には、「全然得意」って言ってるツワモノもいるけどさ。

【マンチカン】

先祖が生まれたのはアメリカさ。突然変異で足の短い猫が誕生したってわけ。ただ、日本では大人気だからいたるところで見かけるだろ。
　脚が短いからさ、胴が長く見えるけど、それほどでもないよ。毛が長いやつもいれば、短いやつもいる。柄やカラーのバリエーションも多いんだ。体重も３キロから６キロまでと、大きさもいろいろ。
　性格は、いたって陽気な方だよ。遊び好きさ。飼い主に甘えるのも大好き。子どもとも、ほかの種類の猫とも、仲良くやるのは得意さ。

Question 98

猫に聞きます！ メインクーンってどんな猫？

僕はメインクーン。見た目も性格も、野性味が強いっていわれる。でも、僕の伯父さん猫はおっとりしていて、同じ種でも、性格がぜんぜん違うんだ。

まだ僕は1歳になっていないから、5キロ半くらいだけど、僕の伯父さんは9キロもあるよ。家猫界の中では、かなり大きな方だって。そもそもメインクーンって、アメリカの〝メイン州のアライグマ〟っていう意味だよ。僕は子どもだからっていうのもあるけど、ドタバタ走り回るのが大好き。長毛で大型だから、迫力ありすぎだって、日本人にはちょっと驚かれる。

好奇心も強い方かな。日々、家じゅうを探検してる。今、研究しているのは洗面所のドアを開けること。伯父さん猫は体重をかけてドアノブを下ろし、器用にドアを開けるよ。まだ、僕にはできないけどね。

【メインクーン】

Question

99

猫に聞きます！ ラグドールってどんな猫？

おいらかい。先祖は、アメリカ、カリフォルニアのアン・ベーカーさんが開発したんだって。ペルシャとバーマンの雑種にバーミーズを交配させたというけど、よくわかんないや。

アンさんは、優しくて穏やかな猫が欲しかったらしくて、おいらも、穏やかで優しい性格なんだよ。まあ、7キロぐらいになる仲間もいて身体もがっしりしているから、気は優しくて力持ちって感じかな。

そもそも、ラグドールって、古典的なぬいぐるみを表す言葉だってさ。仲間の目はみんな青い瞳さ。柄はシャム猫のようなポイントや、バイカラー（ハチワレ）などがあるよ。毛もふんわりしていて白いベースが基本。そこに、様々なカラーが入っているって感じ。

おいら、遊び好きだから、たんぱく質の充実した食事が大好きさ。

【ラグドール】

Question 100

猫に聞きます！ロシアンブルーってどんな猫？

まだ子猫のころ、「黒い悪魔」って言われた。許せないな。別に悪魔じゃないよ。ちょっと、はしゃぎすぎただけだよ。本来はおとなしいっていうよ。まあでも、僕の兄弟たちは結構激しくて、よくみんなで大騒ぎしたっけ。懐かしいな。

僕たちは、ロシア皇帝が愛した猫といわれているけど、じっとしていると、本当に上品に見えるらしいね。ブルーのビロードのような毛並みは、気品を感じるって、飼い主に言われた。大きさは中型の猫だよ。

目はエメラルドグリーン。顔は逆三角形で、口角が上がっているからいつも笑っているように見えるんだって。

ちなみに、こう見えても、繊細な部分があるんだ。ストレスには弱いんだよ。それに、無口なんだ、もともとはね。今日はしゃべりすぎたな。

【ロシアンブルー】

おわりに

猫って何だろう。きまぐれで、それでいて甘えん坊で、突然走り出したり、でも、それが可愛い！　猫のこと、もっともっと、知りたいけど……。

猫はこう答えるだろう。「私にも、わからないんだから、あんたが、わかるわけないじゃん！」って。そして、続けてこう言うだろう。

「そんなこと、どうでもいいよ。膝の上で、寝たいの！」

そう、これが猫なんだ。そう思うと、膝の上で鎮座したのは先住メス猫。寝ているモフモフの毛をなでていると、「痛っ！」と、思ったのは私。こやつがかんだ。そして、膝から飛び降りた。「ちょっと、なによ。なで方が雑！」って、顔が言っている。

でも、すぐに、毛づくろいを始めている。何もなかったかのように。

これからも、こんな生活が続くんだろうなあ、と甘えん坊の先住メス猫と、暴れん坊の末っ子猫と、すやすや寝ている中間子の猫を見て、思っています。

編集部代表　宙照しい

プロフィール

著者

今泉忠明（いまいずみ・ただあき）

動物学者。1944年東京生まれ。東京水産大学（現・東京海洋大学）卒業、国立科学博物館で哺乳類の分類学・生態学を学び、文部省の国際生物事業計画調査、環境庁のイリオモテヤマネコの生態調査に参加。上野動物園の動物解説員、静岡県の「ねこの博物館」館長。主な著書、監修書に『世界の野生ネコ』（学研パブリッシング）、『ずるいいきもの図鑑』、『やりすぎいきもの図鑑』『やりすぎ絶滅いきもの図鑑』（共に宝島社）など多数。

イラスト

森松輝夫（もりまつ・てるお）/アフロ

1954年、静岡県周智郡森町生まれ。広告制作会社にデザイナーとして勤務後、1985年よりフリーとなり、現在は、株式会社アフロに所属。カレンダーやポスター、表紙のイラストを手がける。『おとなの塗り絵めぐり』『筆ペンで描く鳥獣戯画』『美しい花たち』『ずるいいきもの図鑑』『やりすぎいきもの図鑑』（すべて宝島社）でのイラスト、塗り絵線画描き下ろしなど、好評を博す。国内外を問わず幅広い媒体で作品が使用されている。

編集	宙照しい、上尾茶子、小林大作
デザイン	藤牧朝子
DTP	㈱ユニオンワークス
協力	北見一夫（アフロ）

主な参考文献

『図解雑学 最新 ネコの心理』（今泉忠明 2011 ナツメ社）
『犬と猫 どっちが最強か決めようじゃないか』（監修／今泉忠明 2019 主婦の友社）
『猫脳がわかる!』（今泉忠明 2019 文春新書）
『猫はふしぎ』（今泉忠明2015 イースト新書Q）
『猫語レッスン帖』（監修／今泉忠明 2012 大泉書店）
『猫のしもべとしての心得』（監修／今泉忠明 2017 NHK出版）
『面白くてよくわかる! ネコの心理学』（監修／今泉忠明 2014 アスペクト）
『日本と世界の猫のカタログ』（成美堂出版）
『TJMook 猫ともっと仲良くなる本』（監修／高倉はるか 2016 宝島社）

今泉先生教えて!
一度は猫に聞いてみたい100のこと

2020年2月27日　第1刷発行
2022年3月15日　第2刷発行

著　者　　今泉忠明
発行人　　蓮見清一
発行所　　株式会社宝島社
〒102-8388　東京都千代田区一番町25番地
営業:03-3234-4621
編集:03-3239-0927
https://tkj.jp
印刷・製本　図書印刷株式会社

ISBN978-4-299-00241-9